우주에서 전합니다, 당신의 동료로부터

민간 우주선 크루 드래건 1호(Crew-1)

'리질리언스'는 미국 현지 시간으로

2020년 11월 15일 오후 7시 27분 발사에 성공했다.

이후 우주선은 로켓에서 분리되어 국제우주정거장(ISS)으로 향했다.

© NASA

세계 첫 민간유인 우주미션 비행사의 친밀한 지구 밖 인사이트

우주에서 전합니다,

당신의 동료로부터

노구치 소이치 지음 | 지소연 옮김

RHK
알에이치코리아

©JAXA/NASA

ISS로 접근하는 크루 드래건

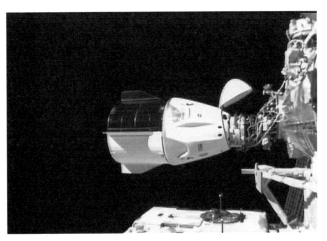

©JAXA/NASA

ISS에 도킹!

ISS의 큐폴라(cupola, 관측용 돔)에서 바라본 지구

ISS는 초속 8km로 비행하며 지구를 돈다. ©NASA

사진은 2021년 4월 23일 우리를 태우고 태양을 통과하는 ISS의 모습

ISS에 계류 중인 크루 드래건 그리고 달 ©JAXA/NASA

ISS의 큐폴라에서 본 지구의 해돋이

지구 위에 흐르는 오로라

우주에서 대기권으로 재돌입하는 크루 드래건 1호.
2021년 5월 2일 미국 플로리다주 바다에 착수해 지구로 귀환했다.

이 책을

고(故) 다치바나 다카시 선생님께 바칩니다.

여전히 낯선 우주. 하지만 성큼 다가오고 있는 우주 시대의 물결. 이 책은 한 우주비행사의 이야기를 통해 우주에 대한 막연한 감정을 넘어서서 그 공감의 깊이와 반경을 넓힐 수 있도록 도와주는 우주시민을 위한 가이드북이다. 우주시민으로 미리 살아볼 수 있는 거의 모든 것을 알려준다.

이명현 천문학자

《트윈 스피카》와 《우주형제》를 읽고 또 읽었다. 내가 우주인이 될 수 있을 거라고는 꿈도 꾸지 못했기에 만화를 통해서나마 우주인을 경험하고 싶었기 때문이다. 그런데 우주여행이 꿈만이 아닌 시대가 되었다. 우리나라는 누리호 발사 성공으로 독자 발사체를 가진 여덟 번째 나라가 되었고 다누리호가 달 궤도에 진입함으로써 일곱 번째 달 탐사 국가가 되었다. 덩달아 우주 관광 시대도 곧 올 것처럼 보인다. 이젠 뭔가 준비해야 한다. 해외여행을 떠나기 전에 여행 안내서를 먼저 읽듯이 우주여행을 위한 여행서도 필요하다. 만화 《우주형제》에도 등장하는 저자가 쓴《우주에서 전합니다, 당신의 동료로부터》는 우주비행사의 지구 밖 여행기다. 우주선 티켓을 사기 전에 이 책부터 읽자. 참, 우주여행을 안 갈 사람에게도 매우 유익한 책이다.

이정모 국립과천과학관 관장

작품 곳곳에 또 다른 작품이 있다. 저자는 고등학교 때《우주로부터의 귀환》을 읽은 뒤 우주비행사를 꿈꿨고, 결국 그때 산 초판본을 신고 우주로 나갔다. 첫 우주여행의 감상은 만화《우주형제》의 모티브가 되었다. 이번 세 번째 여행에서 도킹에 성공하자, 만화《귀멸의 칼날》의 명대사를 인용하는 여유로움은 덤이다. 우주는 수많은 작품의 영감이 되어주기도 하고, 반대로 작품들이 우리에게 우주를 꿈꾸게 만들기도 한다. 누군가에겐 이 책이 저자의 애독서《우주로부터의 귀환》과 같이 우주를 꿈꾸게 할 것이다.

갈로아 웹툰 작가, 《오디세이》 저자

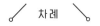

차례

세 번째 교신 ✴ 우주비행사도 중력이 그립다

네 번째 교신 ✴ 이미 도착한 미래, 민간 우주여행

다섯 번째 교신 ✴ 우주에서 돌아온 자, 아무도 그를 모른다

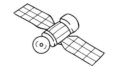

오늘도 무사히, 임무 완료

민간 신형 우주선 '크루 드래건' 발사

2020년 11월 15일 오후 7시 27분, 미국의 민간 우주 기업 스페이스X가 만든 신형 우주선 크루 드래건Crew Dragon이 플로리다주 케이프커내버럴에 있는 케네디우주센터에서 발사되었다.

기체는 약 12분 후 국제우주정거장ISS으로 향하는 궤도에 진입했다. 민간 최초로 본격적인 유인 비행에 성공했다는 사실에 탑승 승무원 네 명은 흥분을 감추지 못했다. 그 가운데 일본인으로서 처음 민간 우주선에 탑승한 나는 지난 두 차례의 우주 비행과는 확연히 다른 느낌을 맛보고 있었다.

흰색과 검은색으로 통일된 세련된 우주선 내부를 둘러보면 조종석에는 태블릿 컴퓨터를 그대로 끼워 넣은 듯이 심플한 조종용 터치스크린이 늘어서 있다. 지금까지 탑승했던 미국의 우주왕복선(스페이스 셔틀)이나 러시아의 소유스 우주선은 콕피트(조종석) 안에 버튼과 계기판이 가득하고 벽에는 수많은 케이블이 붙어 있었다. 그런 '기관실' 같은 조종석에 익숙했던 터라 마치 전시실처럼 깔끔하고 질서 정연한 크루 드래건의 콕피트 디자인에 새삼 감탄했다.

승무원들이 앉은 의자는 마치 누에고치에 둘러싸인 듯 몸을 편안하게 감싸주어 매우 쾌적하다. 큼직하게 뚫린 창문도 있어서 지구의 생생한 모습이 손에 잡힐 것처럼 훤히 보인다. 몸에 착용한 우주복은 할리우드 영화 〈배트맨 대 슈퍼맨〉, 〈어벤져스〉 등의 의상을 담당했던 디자이너가 직접 만들어서 가볍고 몸에도 잘 맞는다. 많은 사람이 꿈같은 이야기로만 여겼던 우주 비행의 세계를 손에 쥐려 하는 순간이었다.

크루 드래건은 발사 이후 약 27시간 반이 지난 뒤 지상에서 400km 떨어진 국제우주정거장과 도킹하는 데 성공했다.

나는 바로 좋아하는 만화 《귀멸의 칼날》의 명대사를 인용하며 지상을 향해 말을 걸었다.

> "일본에 계신 여러분, 크루 드래건 1호가 무사히 국제우주정거장에 도킹했습니다. 민간 우주선의 성공에 함께할 수 있어서 무척 행복합니다. 저희 '리질리언스' 승무원은 훈련을 하는 동안 그리고 발사한 후에도 온갖 어려움에 직면했지만, '전집중 호흡(《귀멸의 칼날》에서 등장인물이 강한 힘을 내기 위해 사용하는 호흡법을 가리키는 말-옮긴이)'으로 극복해 왔습니다. 앞으로 반년간 우주에 머물며 여러분과 많은 감동을 나누고 싶습니다. All for one. Crew-1 for all(올 포 원. 크루 원 포 올)."

리질리언스resilience란 역경을 딛고 다시 일어서는 강인함과 회복력을 뜻하는 말이며, 크루 원Crew-1은 우리가 탑승한 크루 드래건 1호의 호칭이다.* 나는 이 메시지를 통해 "모두는 하나를 위해. 크루 원은 모두를 위해"라는 하나의 뜻을 안고

* '크루 원Crew-1'은 본래 미션 자체를 가리키는 말이지만, 저자는 이 책에서 '크루 원'을 '크루 드래건 1호(스페이스X 첫 정식 유인비행 임무 우주선)'와 통용하고 있다.

우주에서 전합니다, 당신의 동료로부터

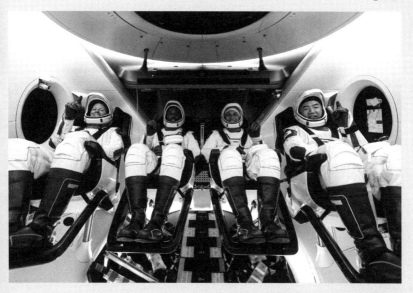

크루 드래건 1호 안에서. 왼쪽부터 섀넌 워커, 빅터 글로버,
사령관인 마이클 홉킨스(모두 NASA 소속), 그리고 노구치 소이치(당시 JAXA 소속)

함께 나아가자고 말했다. 국제우주정거장에 있는 우리와 땅 위에 있는 모두가 손을 잡고 어깨를 나란히 한 채 시대의 고난에 맞서기 위해서.

우주 공간의 낯선 환경

칠흑의 우주에 찬란한 빛을 발하며 떠오르는 보름달. 이윽고 달은 빛을 잃고, 군청색으로 물들어 가는 지구의 대기 속으로 녹아들 듯 사라진다.

지상에서는 볼 수 없는 이 환상적인 장면 앞에서 나는 전자 피아노로 쇼팽 〈이별의 곡(에튀드 Op.10 No.3)〉의 쓸쓸한 선율을 연주하고, 마지막으로 "안녕" 하고 손을 흔들었다.

이 장면은 내가 국제우주정거장에서 유튜브에 업로드한 영상 속 모습이다. 영상의 길이는 2분 9초. 조회 수는 17만 회를 넘었다. 댓글로는 이런 글들이 달렸다.

"노구치 씨의 유튜브를 보기 시작한 뒤부터 점점 우주와 노구치 씨의 매력에 끌리고 있어요."

우주에서 전합니다, 당신의 동료로부터

"영상을 보고 눈물이 났어요. 감동을 주셔서 고맙습니다."

유튜브 채널 〈Soichi Noguchi〉를 개설하고 80편이 넘는 영상을 촬영해 업로드했다. 지상에서는 완전히 일상이 된 온라인 동영상 공유를 이 국제우주정거장에서도 쉽게 할 수 있다는 사실을 지구의 많은 이에게 알리고 싶었기 때문이다.

동영상 공유는 국제우주정거장에서도 점점 일상이 되고 있다. 과학 기술의 발전 덕에 인공위성을 통한 통신 환경은 예전에 비해 몰라볼 정도로 좋아졌다.

내가 앞서 국제우주정거장을 방문한 해는 2009년이었다. 그때는 겨우 인터넷 회선을 사용해 인터넷 서핑을 할 수 있게 된 참이었고, 이를 이용해 트위터에 도전했다. 다만 회선이 아직 좁은 탓에 정지 화면 한 장을 올리는 것이 고작이었다. 하지만 이번에는 국제우주정거장과 지상을 잇는 통신 환경이 극적으로 좋아져서 용량이 큰 영상도 어려움 없이 보낼 수 있었다. 몇 분짜리 비디오 클립은 물론, 우주 공간을 4K로 촬영해 화질이 뛰어난 영상까지 보낼 수 있다. 지상과 비교해도 뒤지지 않는 온라인 환경을 갖춘 셈이다.

물론 이런 통신 환경이 유튜브를 위해 준비된 것은 아니다.

우주에서 지상에 있는 미국 항공우주국NASA이나 일본의 우주 항공연구개발기구JAXA와 연락할 때 매일 온라인 영상 송신 시스템을 이용한다. 과학 실험에 반드시 필요한 '매뉴얼'의 용량이 아무리 크더라도 지상에서 우주로 보낼 수 있고, 우주에서 과학 실험 하는 모습을 지상에 생중계할 수 있다.

지상에서 400km 위 우주에 떠 있는 국제우주정거장은 지구에 있는 동료들과 물리적으로 멀리 떨어진 환경이지만, 쾌적한 통신 환경으로 긴밀하게 연결되어 있다. 승무원은 매일 아침 지상과 회의를 하고 지시 사항을 확인한 뒤 업무를 시작한다. 국제우주정거장에서 일한다는 것은 '궁극의 원격근무telework'인 셈이다.

국제우주정거장 자체는 폐쇄된 공간이기에 갑갑하게 느껴지기 쉽다. 그만큼 지구에서 하는 원격근무보다 훨씬 힘겨운 근무 환경이라 할 수 있다. 기분 전환하려고 훌쩍 밖으로 나갈 수도 없으니 반년이라는 긴 기간 동안 우주에 머무르다 보면 때로는 스트레스를 느끼고 때로는 고독에 빠지기도 한다. 그래서 주말 등의 여가 시간에 일본에 있는 친구들에게 가끔 전화를 걸곤 했다. 국제우주정거장 안에서는 아무래도 영어를 주로 사용할 수밖에 없다. 그래서 내게는 지상에 전화를 걸어

모국어로 대화하는 시간이 재충전에 가장 큰 도움이 되었다.

지구로 걸려온 한 통의 전화

지난봄, 나는 국제우주정거장에 있는 IP전화(인터넷 회선을 이용한 전화)를 손에 들고 일본에 있는 친구에게 전화를 걸어보았다. 신호가 길게 이어진 끝에 드디어 전화를 받은 친구는 조금 의아한 듯했다. "헬로 Hello" 하는 목소리가 나지막하게 들려왔다. 스마트폰에 표시된 국제전화 번호에 조금 놀란 모양이었다.

"국제우주정거장에 있는 노구치입니다."

내가 말하자 "어!" 하고 말문이 막힌 듯한 반응이었다. 전화 너머에 있던 친구는 아주 잠시 침묵한 뒤 이렇게 외쳤다.

"우주에서? 세상에!"

친구는 갑작스러운 전화에 놀라 보였지만, 금세 우리는 잠시나마 즐겁게 수다를 떨 수 있었다. 그런데 지구로 귀환하고 나서 몇 개월이 지난 뒤, 뜻밖에도 그 친구가 우주에서 걸려온 전화를 받았을 때 느꼈던 심경을 이렇게 털어놓았다.

"집에 갇혀 있다시피 하면서 쌓였던 스트레스가 몽땅 날아가는 기분이었어요."

전화를 건 나야말로 친구의 목소리를 듣고 힘을 얻었다고 생각했다. 우주에서 생활하다 보면 아무래도 정신적으로 고립되기가 쉬운데, 통화를 하면서 혼자가 아니라는 긍정적인 마음이 들었기 때문이다.

그런데 땅 위에 있었던 친구도 같은 마음이었다니. 생각지 못하게 스트레스 해소와 재충전이라는 효과가 우주와 지구에서 동시에 일어났다는 사실이 무척 흥미로웠다.

이 일화를 떠올릴 때마다 절실히 느낀다. '나는 언제나 세계와 이어질 수 있다. 그 생각이 무엇보다 중요하다'라고.

나는 우주의 폐쇄된 공간 안에 머물고 있었지만, 내 친구처럼 격리된 것은 아니었다. 물리적으로 떨어진 장소에서 우리는 어떻게 다른 사람과 정신적으로 이어질 수 있었을까? 인간은 다른 인간과의 유대나 사회적 관계를 통해 자신의 존재감을 인식한다. 거울로 삼을 존재가 없으면 자신의 위치를 확인하지 못하는 생물인 것이다.

Empathy not Sympathy, 동정이 아닌 공감

우주에서 건 한 통의 전화에는 아주 중요한 열쇠가 숨겨져 있다. 바로 우주에 있던 나와 팬데믹으로 집에 머무르던 친구가 각자가 겪던 고립과 격리라는 상황을 뛰어넘어 서로의 마음에 공감할 수 있었다는 점이다. 코로나의 재앙에 휩쓸린 미국에서도 empathy, 다시 말해 '공감'과 '감정 이입'이라는 말이 키워드로 떠오르고 있다. 지금 같은 시대에 중요한 것은 공감이지, 동정이 아니라는 뜻이다.

쉽게 말하자면 상대방의 상황을 머릿속에서 이성적으로 이해하고 "당신이 처한 상황은 딱하기 그지없다"라고 말하는 것이 동정이다. 반면, 공감은 상대방이 끌어안은 감정이나 환경을 있는 그대로 자신의 것처럼 받아들일 수 있다는 뜻이 아닐까. 동정도 공감도 인간이 느끼는 자연스러운 감정이지만 미묘하게 다르다.

지난가을 미국은 허리케인과 큰 홍수 피해를 입었다. 홍수로 집이 떠내려가는 장면이 끊임없이 뉴스 화면에 나오는 모습을 보고 가슴이 찢어질 듯 아팠다. 이것은 동정일까, 아니면 공감일까.

만약 직접 홍수 피해를 입은 경험이 없다면 수재민의 괴로움을 머리로는 이해할 수 있어도 내 일처럼 아픔을 느끼지 않을지도 모른다. 가여워하고 딱하게 여기는 것. 그것이 바로 동정이다.

하지만 본인도 비슷한 경험을 해봤다면 상대에게 "저도 그때의 광경이 되살아나네요"라든지 "그때 아이를 챙기느라 무척 힘들었어요"라고 말을 걸면서 구체적인 고통을 바탕으로 마음속 깊이 공감할 수 있을 것이다. 마치 내 일처럼 감정을 이입할 수 있다. 그것이 바로 공감이다.

나는 우주에 오래 머무른 만큼 폐쇄된 환경의 괴로움과 고립의 슬픔을 누구보다 잘 안다. 그래서 코로나 사태로 인해 물리적 혹은 사회적으로 고립되어 힘든 시간을 보내온 사람들에게 공감할 수 있다. 지상에서의 힘겨운 상황을 마치 내 일처럼 느끼고 이해할 수 있다. 공감할 수 있기에 우리는 연결되어 있는지도 모른다.

다시 일어서는 힘, 리질리언스

우주에서 머무르는 동안 지구의 상황을 생각하지 않은 날이 없었다. 전 세계로 퍼져나가 기승을 부리는 신종 코로나바이러스는 사람들을 옴짝달싹 못 하게 하고 '은둔형 외톨이'라 할 만큼 오랫동안 두문불출하게 만들었다. 이후 '뉴 노멀'이라 불리는 지금 시대에 모두가 어쩔 수 없이 생활 양식을 바꾸어야만 했다. 이렇게 얻은 새로운 생활 방식은 우주선에서 사는 일만큼 가혹했을 것이다. 그래서 우리는 이 시기를 다 함께 극복하자는 뜻을 담아 신형 우주선의 이름을 '리질리언스'라고 지었다.

우주비행사들은 지상에서 멀리 떨어진 곳에서 분 단위로 스케줄을 소화해야 한다. 지상에서처럼 일과 삶의 균형을 지키려 노력하고, 패닉에 빠지지 않기 위해 멘탈 관리도 필수다. 우주선 안은 폐쇄적이지만 밖에서 임무를 수행할 때는 무한한 어둠뿐인 우주 공간에 떨어질 듯한 공포를 경험하기도 한다.

한편으로 우주는 세 번에 걸쳐 그곳에 다녀온 나에게 몸과 마음의 안정을 유지하는 데 필요한 신호와 규칙을 알려주었다. 지상과의 교신을 좌우하는 사소하지만 중요한 요소들, 그리고 비행사 동료들과의 관계에서 다양한 지혜를 얻었다.

　우주라는 독특한 근무 환경에서 경험한 일과 생각을 기록으로 남긴다면 지구의 누군가에게는 '리질리언스'의 작은 계기가 될지도 모를 일이다. 그렇기에 서로 다른 듯하지만 비슷한 고민을 안고 있는 지구인 동료로서, 지금부터 우주비행사만이 꺼낼 수 있는 이야기를 시작해 보려 한다.

ISS 안에 붙어 있는 크루 드래건 1호의

미션 휘장과 승무원 네 명의 사인

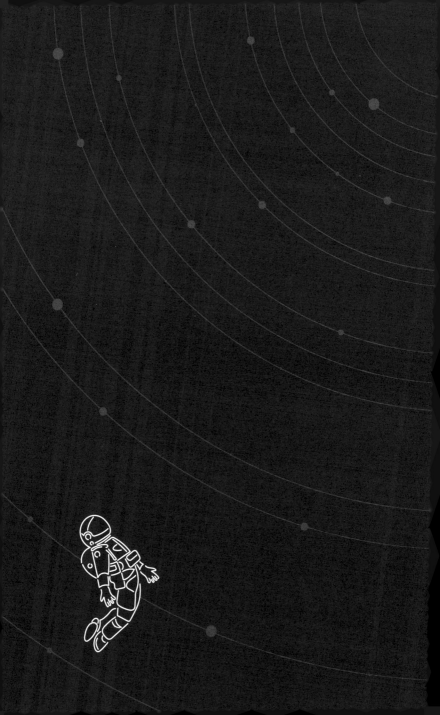

첫 번째 교신

나는 경력직
우주비행사

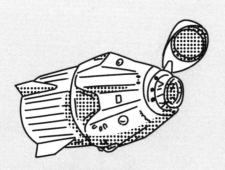

CREW DRAGON

우주에서 일하는
텔레워커

10년 만에 다시 찾은 국제우주정거장

2020년 11월 17일 어두운 새벽. 스페이스X의 신형 우주선 크루 드래건이 국제우주정거장의 출입구에 해당하는 에어록airlock에 무사히 도킹했다.

에어록에는 안쪽과 바깥쪽에 각각 해치(문)가 있고 공기가 안에서 밖으로 새거나 짐이 바깥으로 튀어 나가지 않도록 두 해치 사이를 진공 상태로 유지한다. 사람이 이곳을 통과해 우주선 안으로 들어가려면 천천히 시간을 들여 에어록 안의 기압을 조정해야 한다. 그 사이 크루 드래건의 승무원 네 명은 비행 중 입었던 우주복을 빨간색 폴로셔츠로 갈아입고 안으로 들어갈 준비를 했다.

도킹 이후 두 시간이 지나고 드디어 에어록의 해치가 열렸다. 나는 물속을 헤엄치는 물고기처럼 탄력을 이용해 크루 드래건에서 튀어 나갔다.

"아아, 그리운 냄새가 난다."

국제우주정거장에서 흘러나온 공기에는 금속 기계에서 나는 특유의 냄새가 섞여 있었다. 10년 만에 비강을 간질이는 냄새였다. 이어서 러시아의 선발대 승무원 세 명이 양팔을 활짝 펼치고 웃는 얼굴로 환영하는 모습이 시야에 들어왔다.

우리는 선발대와 뜨거운 포옹을 나눈 뒤 국제우주정거장 안을 구석구석 돌아다니며 살폈다. 국제우주정거장은 미국, 일본, 러시아 등 15개국이 참여해 운영하는 우주 기지다. 실험이나 연구를 진행하는 '실험 모듈', 승무원들이 생활하는 '주거 모듈', 전력을 만들어 내는 '태양전지판', 선외 작업에 활약하는 '로봇 팔' 등의 시설로 구성되어 있다. 국제우주정거장이 그대로 지상으로 내려온다면 축구장을 전부 메워버릴 정도로 거대하다.

우리가 머무는 미국의 주거 모듈 'NODE(노드) 2'와 러시아의 모듈에는 침실로 사용할 수 있는 독방이 총 여섯 개 있다. 위치는 조금 떨어져 있지만, 20년 이상 전부터 국제우주정거장의 중심으로 쓰이는 'NODE 1'에는 식탁과 주방이 있다. 그리고 마찬가지로 미국이 제공하는 생활 모듈인 'NODE 3'에는 화장실과 근력 운동기구, 러닝머신 등이 있다. 이런 식으로 국제우주정거장은 생활에 꼭 필요한 물건들을 모두 갖추고 있다. 예전에 쓰던 화장실은 고장이 나기 일쑤였지만, 지금은 잘 개선되어 믿고 사용할 수 있는 시설이 되었다.

　　크루 드래건이 합류하면서 처음으로 체류 인원이 일곱 명이 되어 독방이 하나 부족해진 것이 유일한 문제점이었다. 임시로 미국인 우주비행사 마이클 홉킨스Michael S. Hopkins가 크루 드래건의 화물실을 침실로 바꾸어 쓰기로 했다.

　　국제우주정거장의 시설 구성 자체는 10년 전과 거의 달라지지 않았지만, 주거 환경은 크게 변했다. 우주선 안에 실린 짐이 많이 늘어났기 때문이다. 매일같이 이루어지는 과학 실험 탓일 것이다. 방 벽면에는 사방에 실험 기기나 비품을 담은 주머니가 빼곡히 달려 있고 그것을 둘러싸듯 전기 배선들이

곱곱에 컴퓨터와 태블릿이 설치되어 있다.

사진은 마이클 홉킨스 비행사와 함께

붙어 있다. 자세히 보니 예전에는 없었던 3D 프린터도 있었
다. 물건이 늘어나면 반드시 안 쓰는 물건이 생겨나기 마련이
다. 앞으로는 국제우주정거장도 미니멀리즘의 시대에 돌입할
지도 모른다.

　좁은 선내를 돌아다니려면 다른 승무원과 부딪히지 않도록
신경 써야 한다. 마치 손님들로 북적이는 상점가를 요리조리
걷는 듯한 기분이다.

　그리고 국제우주정거장 벽 곱곱에 전원이 켜진 노트북이

튀어 나와 있는 모습도 눈에 띈다. 그야말로 이곳이 우주 원격 근무의 거점이라는 사실을 한눈에 알 수 있는 풍경이다.

지구와 연결된 '스페이스 아바타'

"국제우주정거장에 있는 카메라가 움직이고 있어요. 아, 창밖에 푸른 지구가 보이네요!"

크루 드래건이 국제우주정거장에 도착하고 사흘 뒤. 일본 시간으로 2020년 11월 21일, 도쿄 미나토구의 도라노몬 힐스 빌딩에 마련된 이벤트 회장에서는 만사를 제쳐놓고 찾아온 사람들이 탄성을 지르고 있었다.

이벤트 회장에서 원반 모양의 조작 스크린을 손가락으로 문지르듯 움직이자, 국제우주정거장의 일본 실험 모듈 '키보KIBO(일본어로 희망이라는 뜻-옮긴이)'에 설치된 아바타(분신) 로봇이 원격 조종에 따라 움직이며 다양한 각도에서 찍은 영상을 지상으로 송신하기 시작했기 때문이다.

'스페이스 아바타'라는 이름이 붙은 로봇에는 4K 카메라가 설치되어 있어서 고화질 영상을 실시간으로 전송할 수 있다.

나는 시험 삼아 키보 실내에 두 가지 공구를 숨겨보았다. 그러자 아바타가 지상에 있는 사람들에게 지시를 받고 움직여 공구를 찾기 시작했다. 그리고 내가 취한 포즈를 아바타가 흉내 내기도 했는데, 상하좌우로 이리저리 움직이는 모습이 재미있었다. 무엇보다 아바타가 창문을 바라보며 지구의 모습을 담은 영상을 송출했을 때는 지상의 이벤트 회장에서 엄청난 반응이 일었다.

사실 이 기획은 정해진 규칙을 깨부수는 일종의 실험이라 할 수 있다. 본래 지상에서는 국제우주정거장에 있는 기기가 오작동을 일으키지 않도록 보호하기 위해 NASA나 JAXA처럼 미리 정해진 거점에서만 데이터 통신으로 지령을 내릴 수 있다. 그런데 일본의 한 민간 기업이 개발한 고도의 기술이 안정성을 인정받고, 비록 JAXA를 경유하기는 했지만 최초로 거점 이외의 장소에서 지령을 보낼 수 있었던 것이다.

지상과 국제우주정거장이라는 물리적으로 멀리 떨어진 장소에 존재하는 사람들이 마치 바로 옆에 있는 듯한 착각마저 불러일으키는 장면이었다. 다만 지상에서 국제우주정거장의 모든 기계를 원격 조종해서 자동으로 움직일 수 있는 시대는 아직 먼 미래일 것이다. 현장에 직접 찾아가 사람의 손으로 국제우주정거장을 유지하지 않으면 언제 기능이 정지할지 알 수 없기 때문이다.

선외 임무,
공포의 지평선으로

빛이 닿지 않는 세계

2021년 3월 5일 오전 11시 37분. 나는 NASA 소속 비행사 케이트 루빈스^{Kate Rubins}와 함께 국제우주정거장에서 바깥으로 이어지는 에어록의 해치를 열고 진공의 세계로 살며시 날아올랐다. 6시간 56분에 걸친 혹독한 선외 활동의 시작이었다.

나와 케이트에게는 중요한 임무가 있었다. 신형 태양전지 어레이(거대한 전지판)를 부착할 토대를 설치하는 임무다. 앞서 임무를 수행하러 왔던 승무원이 선외 활동에서 끝내 성공하지

우주에서 전합니다, 당신의 동료로부터

못했던 부분이다. 우주 공간을 이동해 축구장만큼 넓은 국제 우주정거장 맨 끝까지 간 뒤, 원래 아무것도 부착되어 있지 않은 곳에 거대한 볼트를 이용해 새로운 토대를 설치한다. 손잡이조차 없는 곳. 말 그대로 손으로 하나하나 더듬어 가며 해결해야 하는 임무였다.

태양전지는 하루가 다르게 성능이 높아지고 있다. 20년도 전에 국제우주정거장을 발사했을 당시 설치한 전지보다 반 이상 작은 크기로도 두 배 넘는 출력을 낸다.

그래서 원래 사용하던 태양전지 어레이는 그대로 두고 새로운 곳에 토대를 지어 신형 전지를 설치하려는 계획이었다. 그러려면 새로운 토대를 지을 '빈터'를 찾아야 한다. 그렇게 겨우 찾은 곳이 국제우주정거장의 끄트머리였다.

지상에서는 실제로 사용하는 부품으로 예비 실험을 해서 성공을 거두었다. 하지만 20년 넘게 나이를 먹은 국제우주정거장의 외벽이 마모되고 약해진 탓에 지상에서 실험할 때는 쓸 수 있었던 부품의 크기가 미묘하게 맞지 않아 먼저 시도했던 승무원이 아무리 애를 써도 토대를 설치할 수 없었다. 과연 이번에는 성공할 수 있을까? 걱정이 없었다고 한다면 거짓말이었다.

우리는 에어록에서 손잡이를 더듬어 가며 50m쯤 되는 거리를 약 30분에 걸쳐 이동했다. 의외로 잘 알려지지 않은 사실인데, 선외 활동에 쓰는 안전줄은 길이가 25m밖에 되지 않는다. 그래서 국제우주정거장 끝까지 가려면 안전줄 하나로는 부족하기 때문에 중간에 다른 줄로 바꿔 달아야 한다. 그렇게 힘겹게 이동한 끝에 P6트러스^{P6 Truss}에 도착했다. 잠자리처럼 날개를 펼친 태양전지 어레이가 있는 거대한 구조물이다. 그곳은 국제우주정거장의 진행 방향에서 보았을 때 좌현의 왼쪽 끝부분에 해당한다.

과거 세 번의 선외 활동에서도 경험하지 못한 국제우주정거장의 가장 끝부분. 그곳은 상상을 초월하는 세계였다. 손잡이가 사라지고 아무런 구조물도 없는 새카만 어둠. 헤드라이트를 비추어도 아무것도 반사되지 않았다.

'이상하네, 벌써 밤인가.'

의아하게 생각하며 아래를 내려다보니 칠흑의 어둠에 떠오른 밝은 지구가 보인다. 역시 지금은 낮이다.

국제우주정거장의 끄트머리를 바라보면 그 끝은 빛이 닿지 않는 어둠으로 녹아들어 있다. 어떤 존재도 승인하지 않는 허무의 세계가 뻐끔 입을 벌리고 있는 듯한 느낌에 사로잡혔다.

선외 활동을 할 때 ISS에 붙어 있는 손잡이들을
따라 이동한다. 사진은 빅터 글로버 비행사

네 번째 선외 활동에서 처음 느낀 감각이었다. 머리로는 알고 있다고 생각했건만, 빛이 되돌아오지 않는 세계를 마주하자 말로는 다 표현할 수 없는 공포가 찾아왔다. 그건 역시 죽음의 감각이었다.

가까스로 잡을 수 있는 손잡이 끝부분을 손가락으로 잡고서 간신히 몸을 지탱했다. 그다음 다른 손을 쭉 뻗어 토대를 외벽에 끼워 넣는 데 필요한 거대한 볼트를 특수 공구로 힘껏 조이는 작업에 착수했다.

작업을 하는 중에도 몇 번이나 어둠의 입구로 빨려들 것 같은 느낌이 들었다. 이 손을 놓으면 나는 죽음의 세계로 떨어져 버린다. 그런 감각이 뚜렷하게 찾아왔다. 그것은 삶과 죽음을 가르는 '경계선'이 아니라 작은 '경계점'이었다. 나의 손끝만이 삶의 세계와 이어져 있고 나머지는 죽음의 세계로 막 들어서려 하고 있었다.

실제로는 안전줄이 달려 있으니 그럴 일은 없겠지만, 이대로 저쪽 세계에 잡아먹힌다면 별의 먼지가 되어 아무도 모르게 사라질지도 모른다……

선외 임무의 위험 요소, 우주 쓰레기

이번 임무에 대비해 새로운 도구들을 준비했지만, 가지고 갈 수 있는 물건에는 한계가 있었다. 평소 사용하는 컴퓨터나 작업에 관한 지시 내용을 정리한 매뉴얼도 너무 커서 가져가지 못한다. 한쪽 팔에 작은 노트를 달 수 있지만, 적을 수 있는 분량은 정해져 있다.

게다가 우주 공간에는 늘 온갖 위험이 도사리고 있다. '우주 쓰레기'라 불리는 스페이스 데브리space debris가 날아다니기 때문이다. 쓰레기라고 부르기는 하지만, 가정에서 배출하는 쓰레기와는 전혀 다르다. 과거에 쏘아 올린 로켓이나 우주선에서 나온 작은 부품, 나사의 파편 등이 빠른 속도로 날아다니는 것이 바로 우주 쓰레기의 정체다. 크기는 몇 밀리미터부터 몇 센티미터 정도가 대부분이지만, 가령 1mm보다 작은 파편이라도 국제우주정거장에 부딪치면 마치 총알처럼 꿰뚫고 지나갈 수도 있다. 실제로 국제우주정거장 외벽에는 우주 쓰레기에 부딪혀 생긴 상처가 무수히 많다.

이런 곳에서 문제가 발생하면 어떻게 될까? 나를 도와줄 지상의 플라이트 컨트롤러flight controller, 즉 관제사와 통신할 수 있는 수단은 음성 회선 하나뿐이다. 통신에 문제가 생기면 이 회선도 사용할 수 없게 되어 사람들과 완전히 분리되고 만다. 그래서 나는 선외 활동이 '원격근무의 끝을 달리는 임무'라고 생각한다.

정오 전에 국제우주정거장을 나선 나와 케이트는 토대를 설치하는 중요한 임무에 몰두했다. 역시 지상에서 한 테스트와는 사정이 달라서 생각한 대로 쉽게 설치할 수는 없었다. 나는 지상 관제사와 계속 긴박하게 연락을 주고받으면서 예상보다 더 큰 힘을 들여 볼트를 조이며 어떻게든 설치를 마치려고 필사적으로 노력했다.

그런데 그때, 문제가 발생했다. 선외 활동에서는 예상치 못한 사태에 대비하기 위해 우주복과 장갑을 정기적으로 확인하는 것이 규칙이다. 작업이 시작되고 대략 세 시간 반이 흘렀을 즈음, 음성 회로를 타고 파트너 케이트의 목소리가 들려왔다.

"장갑에 상처가 난 것 같다."

눈앞에 닥쳐온 위기

케이트에게 장갑에 상처가 났을지도 모른다는 연락을 받자마자 같은 음성을 들은 나와 지상 관제사들은 사태의 심각성을 깨달았다. 만약 장갑에 구멍이 났다면 오랜 시간 손잡이를 붙잡거나 스패너로 힘을 줘서 볼트를 조이기는 어렵다. 상처가 순식간에 벌어져 공기가 샐 가능성이 있기 때문이다.

케이트가 말하기를, 여러 층으로 이루어진 장갑의 표면을 감싼 실리콘 층에 확실히 상처가 생겼다고 한다. 과연 그 상처가 가장 바깥에 있는 실리콘 층에서 그쳤는지, 아니면 그 아래 있는 강화 섬유에까지 미쳤는지는 헬멧 안쪽의 한정된 시야로 판단하기 어렵다. 만약 아래층까지 상처가 났다면 머지않아 장갑에서 공기가 새기 시작할 것이다. 장갑과 우주복은 하나로 이어져 있으니 우주복 전체의 기압이 떨어지면서 산소 부족이 일어난다. 그러면 산소통이 눈 깜짝할 사이에 비어 생명의 위험으로 이어지는 사태가 벌어진다.

원인은 쉽게 상상할 수 있다. 앞서 이야기한 우주 쓰레기다. 우주 쓰레기가 충돌한 곳에는 '샤프 에지sharp edge'라 불리는 금속으로 된 뾰족한 가시가 생긴다. 그런 부분을 무심코 만

지면 강화 섬유로 만든 장갑에도 쉽게 구멍이 생긴다. 실제로 과거 선외 활동을 할 때도 그런 사례가 몇 번이나 있었다.

NASA는 이런 사태를 내다보고 모든 우주비행사에게 거대한 수영장에서 선외 활동을 위한 구출 훈련을 받도록 한다. 모의 우주복을 입은 두 사람 중 한 명에게 공기 유실이 발생했다고 가정하고 나머지 한 명이 그 우주비행사를 구출하는 훈련이다.

훈련에서는 공기 유실이 발생한 우주비행사를 더 이상 움직이지 못하는 상태라고 상정하고, 그 우주비행사를 자신의 몸에 단단히 묶어 고정한 뒤 함께 에어록까지 돌아가는 과정을 반복한다. 그럴 때는 진행 중이던 작업을 정리하고 자신과 파트너의 도구를 함께 담아 본인의 몸에 모두 고정하고 나서 이동한다. 에어록으로 돌아가 해치를 닫기까지 모두 30분 이내에 해내야 한다. 이 훈련에 합격하지 못하면 NASA는 선외 활동에 나설 자격을 인정해 주지 않는다. 물론 나와 케이트는 모두 이 훈련을 통과했다.

나는 훈련의 순서를 머릿속으로 떠올리면서 케이트의 다음 상황 보고를 기다렸다. 하던 작업을 계속하면서도 언제 관제사가 "작업 중지!", "서둘러 대피하라!"고 지시해도 매끄럽게 이동할 수 있도록 조마조마한 마음으로 그 순간을 기다렸다.

먼저 구체적인 지시를 내려라

케이트가 장갑에 상처가 났을지도 모른다고 말했을 때, 그녀의 목소리는 무척 차분했다. 나는 "알겠다. 나도 준비하겠다"라고 답했고 관제 센터에서도 "알겠다. 여기서 다음 작업에 대해 논의하겠다"라고 담담하게 대답했다. 지상 관제사는 공기 유실을 가정하고 여러 긴급 작전에 들어갈 수 있도록 준비를 시작했다. '장갑에 상처'라는 말을 꺼낸 것만으로도 나와 관제사가 바로 필요한 행동을 준비할 수 있었던 것이다.

케이트가 자세히 장갑을 확인해 보니 다행히도 심각한 공기 유실의 흔적은 발견되지 않았다. 그래서 우리는 작업을 계속 이어갔다. 다만, 거대한 볼트를 고정한 후 각자 다른 장소로 이동해 임무를 수행하려던 본래 일정을 변경하고, 만에 하나 공기가 샐 경우 올바르게 대응할 수 있도록 여유를 가지고 지금 진행하는 임무에 전념하라는 지시가 내려왔다. 나는 언제든 케이트를 구출하러 갈 수 있도록 거리를 유지하면서 신형 태양전지 어레이의 토대를 만드는 중요한 임무를 완료했다. 그 뒤, 파트너와 함께 에어록으로 무사히 돌아올 수 있었다.

이 '사건'을 되새기면서 다시금 가슴에 새긴 교훈이 있다.

"Be directive than be descriptive."

직역하면 "다양한 표현을 더해 설명하기보다는[descriptive], 직접적인 지시를 내려라[directive]"라는 뜻이다.

긴급 상황일 때 직접 얼굴을 마주할 수 없는 상대에게는 직접적인 메시지로 말하는 편이 좋다. "○○해 주세요"라고 있는 그대로 직접 요청하는 것이다. 만약 반대로 관제사가 "장갑에 구멍이 나면 공기가 유실될 가능성이 있다. 등에 멘 산소통에는 한계가 있으니 원래 예상 시간은 최대 일곱 시간이었지만 이제 다섯 시간도 채 안 될 수도 있다. 남은 시간이 얼마나 될지 모르니 서둘러라"라고 하나하나 상황을 설명한다면 우주비행사의 생명은 몇 개가 있어도 부족할 것이다.

만약 바로 에어록으로 돌아가야 하는 경우라면 관제사는 가장 먼저 "Go Back"이라고 명령한다. 어찌 되었든 돌아가라는 것이다. 그러면 선외 활동을 하던 우주비행사는 '돌아가라

같이 선외 활동을 수행한 케이트 루빈스 비행사와 함께

고 명령이 내려왔으니 일단 철수하자'라고 판단하고 움직일
수 있다. 필요한 설명은 나중에 하면 된다.

비슷한 사례로 로봇 팔을 조종하다가 긴급 사태가 벌어졌
을 때를 상상해 볼 수 있다. 몇 톤이나 되는 거대한 부품을 옮
기는 로봇 팔은 조종을 조금만 잘못해도 국제우주정거장 외벽
에 큰 손상을 입힐 수 있다. 시스템 문제 등으로 로봇 팔이 잘
못 움직이기 시작하면 즉시 조종을 멈추는 것이 중요한데, 이
때 관제사가 외치는 말은 "All Stop(전부 멈춰라)"이다. 게다가
이 말을 세 번 반복하도록 정해져 있다.

우주에서 지상과 교신할 때는 잡음이 섞이거나 일부가 끊겨서 소리가 명확하지 않을 때가 많다. 그래서 초등학생도 아는 단순한 단어로, 그것도 세 번이나 반복하면 신호를 놓치거나 잘못 듣지 않고 제대로 전할 수 있으리라 생각한 것이다.

물론 조건은 있다. 이러한 사태에 대비한 훈련이나 시뮬레이션을 꼼꼼히 해둘 것. 그리고 핵심이 되는 표현의 의미를 공유해 모두 숙지하고 있을 것. 그런 준비 없이 일을 시작하면 해결 가능한 문제도 오히려 상처가 벌어지듯 커지고 만다.

2021년 3월 5일, 나는 15년 214일 만에 네 번째 선외 활동에 나섰다.

지구의 사람들과 소통하기

우주와 지구 사이의 시차

국제우주정거장에서 생활하는 동안 나는 일본의 방송국과 연결해서 여러 번 생방송에 출연했다. 그때 가장 신경이 쓰였던 점이 바로 '시차'다.

이쪽에서 말하고 방송국 스튜디오의 반응이 다시 여기로 돌아오기까지 5초 정도 지연이 발생한다. 처음에는 이렇게 시차가 생기면 말을 많이 주고받아야 하는 인터뷰는 쉽지 않겠다고 생각했다.

우주에서 전합니다, 당신의 동료로부터

사람은 평소 상대의 호흡을 감안해서 말하기 때문에 서로 소통하는 중에 시차가 발생하면 단 몇 초라 해도 큰 방해가 된다. 만약 눈앞에서 상대방과 마주하고 있다면 대답하기까지 몇 초가 걸리더라도 상대의 표정이나 몸짓을 보면서 그가 다음에 어떤 반응을 하려 하는지 대략 짐작할 수 있기 마련이다.

그런데 화면을 통해 대화하면 상대방의 상태를 충분히 살필 수 없어 불안해진다. 국제우주정거장에서는 중계하는 도중에 노이즈가 들어가 화면이 잘 보이지 않고 목소리에 지연까지 생기니 스트레스가 쌓이곤 했다.

하지만 익숙해지고 나니 시차가 생기는 동안 다음에 어떤 말을 할지 정리하면 된다는 사실을 깨달았다. 우선 내가 말하고 싶은 내용을 한 번에 말한다. 그러고는 상대방의 대답이 돌아오기까지 약 5초 동안 그의 반응을 예상하면서 다음에 무슨 말을 할지 머릿속으로 생각한다. 우주와 지상 사이에서 발생할 수밖에 없는 시차를 전제로 새로운 커뮤니케이션 방식을 만들어 낸 것이다. 이런 부분은 지금 지상에서 벌어지고 있는 원격 혹은 재택근무 환경과 일맥상통하지 않을까?

30cm 앞에 있는 상대와 얼굴을 마주하고 대화하는 일과 컴퓨터 화면 너머로 대화하는 원격근무는 말하는 에티켓도 상

전 NASA 우주비행사와의 방송 대담

대를 설득하는 방법도 당연히 달라진다. 이 상황의 극단적인 예시가 바로 지구와 우주의 교신인 셈이다.

'말하지 않아도 알아요'가 통하지 않을 때

'비언어적 의사소통non-verbal communication'이라는 말을 들어본 적이 있는지? 언어 이외의 방법으로 의사소통을 한다는 뜻이다. 예를 들면 사람의 표정이나 목소리 톤 또는 향기 등이 있다. 직접 얼굴을 마주하는 세계에서는 인간의 오감으로 이러한 정보를 포착하며 소통한다. 아주 당연한 과정이다.

게다가 한국과 일본을 비롯한 동양에서는 말하지 않아도 알 거라고 생각하는 문화가 있다. 회사에서 책상을 나란히 두고 '한솥밥 먹는' 사이라면 굳이 말하지 않아도 그 정도는 알아야 한다는 분위기가 생긴다. 일일이 말로 하지 않고 '그들만의 분위기'를 조성하는 독특한 커뮤니케이션 스타일이다.

연장자 중에는 무엇보다 술을 마셔야만 제대로 소통할 수 있다고 믿는 사람도 많다. 회의실에서 꼼꼼하게 논의하기보다는 술을 마시며 편안한 분위기에서 이야기해야 한다고 생각하는 문화다. 이런 커뮤니케이션 방식이 효과적이었던 시대에는 동양식 사회나 회사도 어려움 없이 운영할 수 있었다.

하지만 코로나의 재앙이 닥친 이후에는 회사에서 책상을 나란히 두지도, 사원들끼리 얼굴을 마주하지도 않는 환경이 새로이 등장했다. 심지어 코로나가 심각한 시기에 취직한 신입 사원은 환영회는커녕 긴 시간 동안 사무실로 출근조차 해보지 않은 사람도 많다. 이들에게 말하지 않아도 알 거라고 여기는 방식은 통할 리가 없다. 술을 마시면 자연히 알게 된다는 생각도 소용이 없다.

직접 만나서 비언어적 의사소통을 섞어가며 대화를 나눈 뒤에 녹음한 내용을 글자로 받아 적어보면 확실히 알 수 있다. 시각으로 포착했던 상대방의 몸짓이나 후각으로 느낀 향기가 언어의 세계에서 떨어져 나가므로 언어화된 정보로 상대에게 전해지지 않는다. 이것이 원격근무가 마주한 커뮤니케이션의 현실이 아닐까. 직접 얼굴을 보지 않으면 이른바 오감을 통한 정보로 내용을 보충할 수 없으니 입 밖에 낸 말로 결론을 지어야 한다.

지시는 명확하고 간결하게

대화를 하다 보면 '온도 차'라는 말을 접할 때가 있다. 예를 들면 "지방하고는 온도 차가 있지"라든가 "본사랑 지사는 온도 차가 커서 문제야"라는 말을 자주 쓴다. 요컨대 "그 사람들은 뭘 모른다니까"라는 뜻을 온도에 빗대어 표현한 셈인데, 서로 긴밀하게 소통하고자 하는 와중에 '온도 차'처럼 애매한 말을 써서야 어찌할 도리가 없다.

특히 일본과 같은 동양권 나라에서는 의사소통을 할 때 애매한 말로 어물어물 넘기는 경우가 많다. 그렇다면 이런 방식이 통하지 않는 우주 환경에서는 부족한 부분을 어떻게 메워야 할까. 말로 표현할 수밖에 없다면 누가 들어도 같은 내용으로 이해할 수 있도록 명확한 표현으로 전해야 한다. 즉 비언어적 의사소통이 통하지 않는다면, 말하는 사람과 듣는 사람이 서로 다르게 해석할 여지가 없도록 명확하고 간결한 말을 써야 한다. 바로 이것이 핵심이다.

만약 이야기를 나누다가 이해할 수 없는 부분을 맞닥뜨리면 어떻게 해야 할까. 그럴 때는 "지금 말씀하신 부분은 어떤 뜻인가요?" 하고 되물으면 된다. 이것이 가장 좋은 방법이자 새로운 시대에 반드시 길러야 할 습관인 듯하다.

중요한 점은 오감을 사용해 정보를 전달하는 비언어적 의사소통이 화면 너머로는 성립하지 않는다는 사실을 서로 이해해야 한다는 것이다. 동양 사회에서는 상대의 말을 되물으면 실례가 되는 경우도 있다. 말을 잘 고르지 않으면 조금 차가운 인상을 줄 수도 있다. 그럼에도 몇 번이고 다시 물어서 서로의 말이 정확히 어떤 의미인지 확인하는 습관이 필요하다. 그러지 않으면 상대와 소통하려는 노력이 오해와 또 다른 오해를 부르는 결과로 이어질지도 모른다.

다만 오로지 사실 관계만 따져가며 대화하다 보면 인간관계가 딱딱하게 굳어지기 쉽다. 그럴 때는 관계를 부드럽게 만드는 기술을 고민할 필요가 있다.

크루 드래건 1호 재미 담당

'아이스 브레이킹'이라는 말이 있다. Ice Breaking, 직역하면 얼음을 깬다는 뜻이다. 실제로는 처음 만난 사람들이 긴장을 풀기 위해 쓰는 여러 가지 방법을 가리킨다. 분위기를 부드럽게 누그러트리는 의사소통 기술이다.

하지만 많은 사람이 아이스 브레이킹을 어려워한다. 직접 해본 경험이 드물어서일까. 좀 더 흔히 접할 수 있는 장면을 예로 들자면, 콩트의 첫 부분을 꼽을 수 있다. 개그맨들은 무대 위에 훌쩍 나타나 몇 마디 말로 객석을 달구고 단번에 주목을 끈 다음 본격적인 콩트로 들어간다. 이것이 바로 일종의 아이스 브레이킹이라고 할 수 있다.

말하고자 하는 내용을 전하는 것도 중요하지만, 적합한 분위기를 조성하는 것도 중요하다. 크루 드래건을 발사하기 전에 NASA에서 승무원 네 명을 소개하는 영상을 만들어 준 적이 있다. 그중 "가장 재미있는 승무원은 누구인가요?"라는 질문에 다른 세 명이 입을 모아 소이치가 가장 재미있다고 말하며 웃음을 터뜨리는 장면이 있다.

스스로 말하자니 쑥스럽지만 말 한마디로 웃게 만드는 힘을 동료들에게 인정받은 모양이다. 하지만 이것은 표현력이나 그 사람의 능력과 별개로 또 다른 두뇌 회로를 써야 하는 일이다. 다시 말해 유머 감각에 가깝다.

아이스 브레이킹을 하려면 어떻게 해야 할까? 내 전문 분야는 아니지만, 나는 상대가 어떤 말을 했을 때 대답할 말을 세 가지 정도는 준비해 두었다. 그러면 그중 어떤 말을 꺼냈을 때 분위기를 전환할 수 있을지 빠르게 판단할 수 있다. 이에 성공하면 비로소 얼음이 깨진다.

다만, 상대방의 말에 세 가지 반응을 준비하고 빠르게 선택해 답하려면 아무래도 마음의 여유와 풍부한 어휘는 필수 조건일지도 모른다.

우주에서도
'워라밸'이 소중하다[*]

국제우주정거장의 하루

이번에는 국제우주정거장의 하루를 소개해 보려 한다.

평일 국제우주정거장은 오전 6시 기상으로 시작된다. 60분 동안 아침 식사를 하고 30분간 씻고 준비를 한 뒤, 일곱 시 반에는 지상과 그날의 작업 내용을 확인하는 일명 모닝 DPC[Daily Planning Conference]에 들어간다. 이 회의가 15분 정도로 끝나면

● 워라밸: '워크 라이프 밸런스'를 줄여, 일과 삶의 균형을 이르는 말

드디어 업무 시간이 시작된다. 과학 실험을 비롯해 다양한 임무가 끊이지 않는 시간대다.

　실제로 실험의 가짓수는 점점 더 늘어난다. 처음 우주왕복선 디스커버리호를 타고 비행했던 2005년에 내가 담당했던 과학 실험은 다섯 가지 정도였다.

노구치의 어느 평일 하루

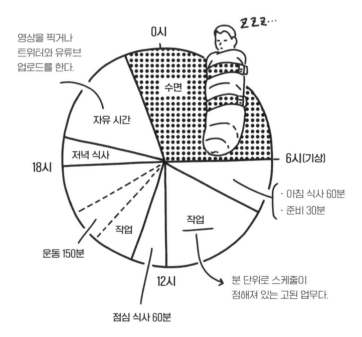

영상을 찍거나 트위터와 유튜브 업로드를 한다.

0시

ZZZ…

수면

자유 시간

저녁 식사

18시

6시(기상)

· 아침 식사 60분
· 준비 30분

작업

작업

운동 150분

12시

분 단위로 스케줄이 정해져 있는 고된 업무다.

점심 식사 60분

그런데 이번에는 50건이 넘었다. 실험의 주제는 물리학부터 의학과 생물학까지 내 전문 영역을 훌쩍 뛰어넘는 분야들이 많았다. 치매와 관련이 있는 유전인자를 밝혀내기 위해 무중력 공간에서 실험을 하기도 했다.

과학 실험 스케줄이 빽빽하게 들어차 있다 보니 평일 낮에는 시간을 분 단위로 쪼개서 쓰게 된다. 계획을 잘 세워 일하지 않으면 화장실에 갈 시간도 없을 정도다. 무중력의 영향으로 근력이 저하되는 것을 막기 위해 중간에 150분간 운동도 해야 한다.

업무는 대부분 오후 6시 무렵에 마친다. 지상과 그날 업무를 마무리하는 이브닝 DPC가 끝나면 다 같이 모여 저녁 식사를 하는 즐거운 시간이 기다리고 있다. 그다음 자유 시간을 보내고 10시쯤에는 잠자리에 든다. 늘 여덟 시간 정도 수면을 취할 수 있도록 신경을 쓴다.

주말인 토요일은 오전 시간을 '볼런터리 타임 voluntary time'에 할애한다. 우주비행사의 자유의지에 따른 자원봉사라고 거창하게 말하지만, 실제로는 남은 실험 등을 하는 데 쓰기도 한다. 토요일 오후는 자유 시간이지만 대부분 우주선 안을 청소하거나 운동을 하면서 보낸다. 일요일과 공휴일은 특별한 업무가 들어오지 않는 이상 쉬는 날이 된다.

작업 계획은 '6개월 → 2주 → 매일' 순서

앞서 살펴본 내용이 국제우주정거장에서 일하는 우주비행사들의 공식적인 일정이다. 이 일정에 들어가는 구체적인 작업 내용은 대개 다음과 같은 절차로 결정된다.

임무 스케줄을 결정하는 담당자가 먼저 6개월간의 작업 계획을 세운다. 이 6개월간의 계획을 바탕으로 2주간의 계획을 세운다. 진척 상황에 따라 매주 계획을 수정하지만, 여기까지는 승무원이 관여하지 않는다.

그다음이 하루 스케줄이다. 승무원은 대개 일주일 전에 기상 시간부터 취침 시간까지 빽빽이 들어찬 계획표를 전달받는다. 계획표를 보면 말 그대로 업무들이 분 단위로 죽 나열되어 있어서 눈이 핑핑 돌아갈 만큼 바쁜 일정을 실감할 수 있다.

다만 모든 업무가 예상대로 굴러가지는 않는다. 한 시간 걸릴 줄 알았던 작업에 두 시간이 걸리거나, 30분 걸릴 줄 알았던 일이 5분 만에 끝나기도 한다. 그래서 승무원들은 재량껏

JAXA의 쓰쿠바우주센터에서 실험을 지켜보는 동료들

오전과 오후 작업을 오전 중에 모두 끝내버릴 수도 있다. 그러고 나서 남은 시간에는 교육 프로그램에 필요한 영상을 만들거나 고장 난 기계를 수리한다.

지금 국제우주정거장 안을 촬영한 영상은 NASA의 웹 사이트에서 그대로 볼 수 있고, JAXA 또한 같은 영상을 중계하기도 한다. 일하는 시간, 다시 말해 '모닝 DPC와 이브닝 DPC 사이' 동안은 언제든 지상에서 선내 영상을 볼 수 있다는 점을 모두 염두에 두고 있다. 좀 과장된 말이지만, 마치 교도소에 수감된 재소자처럼 카메라로 감시당하고 있는 셈이다.

다만 이 '감시 카메라' 자체가 나쁜 것은 아니다. 작업이 각각 어떻게 진행되고 있는지 관제사가 정확하게 파악하는 데 도움이 되고, 실험에 문제가 생겼을 때 지상 관제사가 문제를 알아채고 힘을 보태줄 수 있기 때문이다.

그뿐만 아니라 승무원은 하나의 작업이 시작되고 끝날 때마다 컴퓨터로 기록을 남긴다. 회사에 다닐 때 출퇴근 카드를 찍어 시간을 기록하는 것과 유사하다. 이런 점에서 보아도 우주비행사들은 지상에서 온 텔레워커로서 매일같이 관리를 받는다고 할 수 있다.

일과 삶의 균형을 지키자

일을 하는 '크루 타임'과 개인이 자유롭게 쓸 수 있는 '프리 타임'을 적절히 분리하기란 생각보다 쉽지 않다. 국제우주정거장은 집과 일터가 이보다 더 가까울 수 없을 만큼 근접한 환경이다. 아침에 눈을 뜨면 그곳은 이미 일터다. 주말에도 눈앞에서 실험 장치들이 돌아가고 있으니 자기도 모르게 다른 일을 하면서 작업을 하기 십상이다.

특히 처음 우주에 나온 비행사는 요령을 잘 모르는 만큼 균형을 잡기가 어려워서 쉽게 과로하고 만다. 실제로 매일 스케줄이 꽉 차 있으니 밤에 한두 시간 정도 잔업을 하면서 다음 날 작업에 필요한 도구 혹은 예비 부품을 준비해 두거나 매뉴얼 내용을 공부하는 경우가 종종 있다.

이는 때때로 정말 심각한 문제인데, 회사원이 재택근무를 하면서 오히려 과로를 하게 되는 경우와 동일한 현상이라고 볼 수 있다.

우주왕복선을 타던 시절에는 우주에 머무르는 기간이 2주밖에 되지 않았다. 그래서 24시간 내내 일할 수 있었다. 2주밖에 시간이 없다고 생각하면 우주비행사도 성과를 올리려고 더 애를 쓰기 때문이다. 문제가 발생하면 밤새워 작업하고 다음 날 "문제없이 재개했습니다" 하고 지상에 보고하는 것을 훈장처럼 여겼다. 그러다 보니 자연히 먹고 자는 시간을 줄여가며 일을 하게 되었다. 모처럼 우주 비행에 나섰는데 창밖을 볼 시간도 없었다고 자랑스러운 듯이 말하는 비행사가 한둘이 아니었다. 그만큼 크루 타임과 프리 타임이 구별되어 있지 않았다.

하지만 국제우주정거장에 6개월 동안 머무르면서 그런 식으로 일하면 버텨내지 못한다. 그러다가는 번아웃 증후군에 걸릴지도 모른다.

　국제우주정거장이 만들어진 지 딱 10년째 되는 시기였다. 내가 두 번째 비행에 나섰을 때 비로소 우주비행사의 '업무 방식 개혁'이 시작되었고, 각 작업에 필요한 시간을 더 정확하게 예측해서 잔업 시간을 줄이려는 시도에 나섰다. 하루 노동 시간은 8.5시간으로 정해져 있기는 하지만, 작업 시간을 지나치게 동떨어지게 계산하면 아무리 해도 일이 끝나지 않는 경우가 아주 많았기 때문이다.

　그래서 작업의 개시와 종료를 지상에 명확하게 보고해 작업 예상 시간의 정확도를 올리고, 업무를 마칠 시간이 되면 바로 일에서 손을 떼고자 하는 움직임이 나오기 시작했다. 만약 문제가 생기더라도 다음 날 해결해도 되는 사항이라면 이브닝 DPC에서 정리만 해둔다. 지상에서도 더 이상 승무원을 재촉하지 않는다. 그다음으로 필요한 조치는 지상에서 밤 동안 상의하고, 다음 날 아침 해결책이나 수정 계획을 알려주면 그때 국제우주정거장에서 작업을 개시한다.

　물론 업무 시간이 지나도 일을 해야만 하는 때도 있다. 가장 이해하기 쉬운 예시는 무인 화물선이 왔을 때다. 지상에서 새로운 실험 기기나 생활 물자를 싣고 오는 화물선이 국제우주정거장에 도킹하면, 몇 톤이나 되는 짐을 차례차례 내리고 동시에 지상으로 돌려보낼 물건을 화물선의 빈 공간에 싣는다. 때로는 화물선 두 대가 연달아 오기도 하고, 애초에 국제우주정거장에 도킹할 수 있는 기간에는 제한이 있어 바쁘게 움직여야 한다.

따라서 평소 하는 업무를 그대로 하면서 일주일 정도는 열심히 짐을 내려야만 제때 짐을 교환할 수 있다. 죽을힘을 다해 거의 밤을 새워가며 짐을 내린다. 돌이켜 보니 예전에 내가 임무에 참여했을 때도 화물선이 도킹한 기간에는 모두 꽤나 지쳐 있었던 기억이 난다.

내가 경험한 바로는 러시아와 유럽 사람들은 저녁 6시가 다가오면 재깍재깍 일을 끝낸다. 노동 시간과 개인 시간의 전환이 능숙해 보인다. 반면, 일본 사람이나 미국 사람은 그렇지 않다. 일중독 그 자체다. 가만히 놔두면 몇 시가 되든 일을 끝내지 않는다.

미묘한 잔업 목록, 태스크 리스트

노무 관리상 그날그날의 작업 스케줄에는 잔업이 없도록 되어 있지만, 실제로는 승무원이 자발적으로 업무를 처리하라는 취지에서 작성된 '태스크 리스트^{task list}'라는 것이 있다. 이 태스크 리스트는 만만찮은 존재다.

있는 그대로 말하자면 '작업 스케줄에는 들어가지 않지만 해줬으면 하는 일'을 모아놓은 목록인 셈이다. 빨리 하지는 않아도 되지만 해주면 지상 동료들 입장에서는 고마운…… 그런 모순과 교묘한 의도가 담긴 작업 리스트다.

업무 방식 개혁 덕에 작업 시간을 여유 있게 설정하게 되면서 규정보다 빨리 예정된 작업을 마치는 날이 생기기 시작했다. 그래서 빈 시간에 재량껏 업무를 처리하자는 취지에서 태스크 리스트가 탄생했다.

예를 들어 물품을 정리하거나 선외 활동에서 사용할 도구에 이상이 없는지 확인하는 작업 등은 우주비행사가 관제 센터의 도움 없이도 혼자 할 수 있다. 이런 단순 작업이 대부분 태스크 리스트에 들어간다. 태스크 리스트가 만들어진 경위를 따져보면 업무 방식 개혁의 부산물이라 할 수도 있겠다.

예정된 업무가 빨리 끝나서 시간이 남았을 때는 "남은 시간 동안은 태스크 리스트에 있는 업무를 처리해 주세요" 하고 지시가 내려온다. 시간이 없다면 무리해서 할 필요는 없지만, 지나치게 성실한 승무원은 채 소화하지 못한 태스크 리스트가 많이 남아 있으면 과로를 하기 쉽다.

처음 우주 비행에 나선 승무원은 태스크 리스트를 소화하려고 지나치게 애쓴 나머지, 때로는 주말 자유 시간까지 할애해서 일하기도 한다. 몇 주간 우주에 머무는 단기 임무라면 어떻게든 되겠지만, 반년에서 1년까지 머물러야 하는 장기 임무에서는 있을 수 없는 일이다.

일과 삶을 분리하고 '나는 오늘 일을 하지 않는다!'라고 단단히 마음먹지 않으면 워크 라이프 밸런스의 관점에서도 바람직하지 않은 상황이 벌어질지도 모른다. 일본에서 오래전 유행했던 피로회복제 광고에 이런 말이 나온다.

"24시간 싸울 수 있습니까!"

하지만 지금은 "8.5시간만 싸웁니다!"라는 말이 정신건강을 지키기 위한 올바른 방법일지도 모른다.

화물선 안에서 작업 중인 모습. 짐이 가득하다.

신입 우주비행사에게
꼭 필요한 것

전통의 '시금치'를 대체할 키워드

지금도 일본 사회에서는 '시금치'라는 말을 회사 생활에 꼭 필요한 덕목으로 여기고 있지 않을까. '시금치'란 상사와 부하 직원 사이에서 이루어지는 '보고', '연락', '상담'의 머리글자를 따서 만든 전설의 비즈니스 용어다(일본어에서 세 단어의 머리글자는 시금치[호렌소]와 발음이 같다-옮긴이). 하지만 시금치라는 키워드는 상사의 입장에서 부하 직원을 파악하는 수단을 표현한 말에 지나지 않는다. 오늘날 비즈니스 현장에서는 '목적에

우주에서 전합니다, 당신의 동료로부터

맞게 명확한 지시를 내릴 것', '현장의 의견을 승인해 줄 것', '결과물을 내놓으면 뒷일은 상사가 책임질 것'이라는 세 가지 덕목이 필요하다.

다시 말해 '지시', '승인', '책임'이다. 우주비행사들의 입장에서는 지상의 동료들이 상사에 해당하는데, 그들이 이 세 가지를 충족시켜 준다면 어떤 일이든 쉽게 해낼 수 있다. 그런 점에서 내가 소속한 JAXA의 지상 관제사들은 우주비행사의 말에 귀를 기울이고 빠르게 대응해 주는 훌륭한 상사다.

새로운 세 가지 키워드를 원격근무에 적용하면, 먼저 '지시'는 업무의 결과물을 언제까지 제출하면 되는지 기한을 명확하게 짚어주는 일이 된다. 우주비행사의 임무에 대입해 보면 "이 실험은 두 시간 안에 끝내주길 바란다"라는 말처럼 작업 일정을 바탕으로 지시를 내리는 것이다. 그리고 마지막 키워드인 '책임'은 실제로 결과물을 내놓았을 때 뒷일은 상사가 책임지고 처리해야 한다는 뜻이다.

핵심은 중간에 들어가는 '승인'이다. 부하 직원이 선택한 방법을 받아들이고 인정한다는 뜻인데, 이에 관해서는 내가 가진 지론이 있다. 이상하게 들릴지도 모르지만 부하 직원에게 승인을 내리기 전에 업무를 지시하는 단계에서 되도록 명확하게 자신의 의도를 전달해서, 부하 직원이 직접 생각하고 판단할 범위를 가능한 한 좁히는 것이 중요하다.

상사가 애매하게 지시하면 부하는 이렇게도 저렇게도 해석할 수 있으니 답이 하나로 정해지지 않는다. 그렇게 되면 실제로 작업을 하는 현장에서 많은 오류가 발생하고 만다. 지시 단계에서 구체적인 목표와 방식 그리고 기한을 명확하게 제시하면 정해진 과정을 밟을 수밖에 없다. 현장에서 자기 마음대로 판단해서 작업할 여지가 줄어든다는 것이다.

"구체적인 방식은 원하는 대로 하세요."

마치 상사가 부하 직원의 자유를 존중해 주는 듯 보이지만, 사실은 더없이 명확한 목표와 과정을 빈틈없이 지시함으로써 부하 직원의 움직임을 정하는 셈이다. 정확성이 중요한 일에서는 이것이 올바른 승인 방식이라 할 수 있지 않을까?

우주비행사가 사용하는 매뉴얼은 그 내용을 깊숙이 파고들어 꼼꼼히 작성하기 때문에 매뉴얼의 지시를 따르면 무엇이든 같은 결과를 낼 수 있다. 지시를 지키지 않아서 실패했다면 부하 직원의 책임이지만, 지시대로 처리했음에도 실패했다면 그것은 상사의 책임이다.

원격근무의 열쇠를 쥔 매뉴얼

매뉴얼은 우주에서 원격근무를 하는 데 있어 결코 빼놓을 수 없는 존재다. 과학 실험, 선외 임무, 로봇 팔, 기기 관리는 물론이고 미디어와 함께하는 홍보 활동부터 화장실 사용법까지 모두 매뉴얼이 있다.

우주비행사의 일상은 그야말로 매뉴얼에 따라 빈틈없이 정해져 있다. 매뉴얼이란 우주비행사와 지상이 주고받은 일종의 계약서라 할 수 있다.

국제우주정거장에 머무는 동안 우주비행사는 많은 시간을 과학 실험에 할애한다. 그리고 실험의 성패는 말 그대로 매뉴얼의 질에 달려 있다고 해도 과언이 아니다. 매뉴얼에 적힌 글과 도면을 따르면 지상에서 하는 실험을 우주에서도 똑같이 할 수 있다. 이 당연해 보이는 일이 사실은 제법 어렵다. 원격근무를 할 때는 매뉴얼을 작성한 사람의 지시가 명확한지 아닌지의 여부가 더없이 중요하기 때문이다.

여기서 먼저 짚어두고 싶은 점이 있다. 국제우주정거장에서 실시하는 과학 실험은 우주비행사가 제안하거나 직접 선택한 것이 아니라는 점이다. 대학교나 기업의 연구자들이 새로운 기술을 개발할 때 반드시 우주의 무중력 공간에서 확인해 볼 필요가 있다고 판단해 실험을 제안하면, 그중에서 채용된 실험들이 우주비행사에게 전해진다. 실제로 실험을 담당하는 우주비행사는 매뉴얼대로 실험하고 결과를 보고함으로써 연구의 일부를 도맡는 '오퍼레이터' 역할이다. 따라서 자신의 취향이나 관심에 따라 실험을 고를 수는 없다.

매뉴얼은 글과 도면으로 구성되어 있지만, 절차가 복잡해지면 동영상도 포함해서 제작한다. 영상은 실제로 큰 도움이 된다. 작성자의 지시가 명확하게 드러나므로 연구자가 생각하는 동작을 100퍼센트 정확하게 재현할 수 있다. 이 점이 무엇보다 중요하다.

매뉴얼은 전문 기술자가 만드는데, 문서 작성에 뛰어난 전문가가 담당할 때가 많다. 주제를 제안한 연구자의 아이디어를 정확히 이해한 상태에서 '이 글을 읽으면 우주비행사가 이렇게 움직일 것'이라는 사실을 알고 작성해야 하기 때문이다.

멀리 떨어진 곳에서 일하는 이상 바로 옆에 서서 지시를 내릴 수는 없으니 전하고자 하는 내용을 모두 꼼꼼하게 글에 담아내야 한다. 그래서 매뉴얼을 만들려면 엄청난 역량을 가진 사람이어야 한다. 누가 읽어도 같은 절차를 따를 수밖에 없을 정도로 분명하고 명확하게 써야 한다. 예컨대 "팩 윗부분의 오른쪽 끝을 붙잡고 5cm 자른 다음 필요한 용액을 50ml 주입한다"처럼 뜻이 분명하게 드러나도록 적는 것이 중요하다.

단, 전문가가 매뉴얼을 완성하더라도 아직 다음 관문이 남아 있다. 대부분 해당 실험을 담당하지 않은 우주비행사가 매뉴얼을 보며 '절차 검증'을 실시한다. 아무런 예비지식 없이 매뉴얼을 읽는 것이다. 때로는 읽는 도중에 실험을 다른 방식으로 진행할 가능성이 있는 듯하다고 지적하기도 한다. 어떻게 읽느냐에 따라 다양하게 해석할 수 있는 경우에는 지시 사항을 추가해서 내용을 잘못 이해하지 않도록 바로잡는다.

매뉴얼은 계약서인 동시에 연구자나 전문가, 때로는 동료 우주비행사가 주는 선물이기도 하다. 우주비행사가 실수 없이 최고의 성과를 올릴 수 있도록 다양한 관점에서 적절한 표현을 고르고 골라 채워준 모두의 마음이 느껴진다. 우주비행사가 경의를 표하며 진지하게 매뉴얼을 마주하는 이유다.

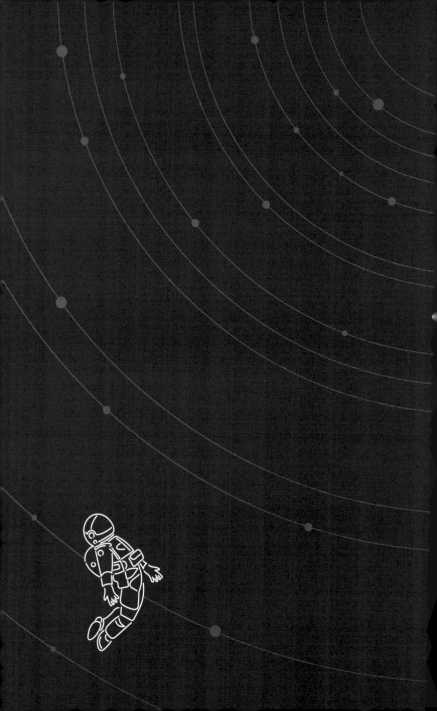

오늘도 평화로운
국제우주정거장

SpaceX Crew-1

Shannon Walker   Victor J. Glover   Michael S. Hopkins   Soichi Noguchi
(IKE)   (HOPPER)

©NASA

일곱 명의
우주 동료들

우주로 날아간 서로 다른 사람들

크루 드래건이 우주로 실어 나른 네 명의 승무원은 다양성이 풍부한 멤버들이었다. 군 출신 조종사, 여성, 흑인 그리고 일본인인 나. 군인이냐 민간인이냐에 관계없이 성별을 불문하고, 국적도 인종도 따지지 않고 인재를 기용했다는 점에 나도 모르게 "훌륭하다!" 하며 무릎을 탁 쳤을 정도다.

팀의 완성도를 높이려면 되도록 구성원의 '균일성'을 지켜야 한다는 의견도 있다. 하지만 다양성이 있어야 역경에 강하고 쉽게 부서지지 않는다. 이처럼 다양성을 존중하는 발상이 우주에서 오래 머무른다는 힘겨운 상황을 이겨낼 회복 탄력성(리질리언스)으로 이어지지 않았을까?

이제 승무원들을 한 명 한 명 들여다보자.

크루 원의 사령관은 NASA 소속인 마이클 홉킨스다. 미국 공군 출신의 베테랑 조종사로 이번이 두 번째 장기 우주 체류다. 별명은 '호퍼'. 일리노이대학교에서 항공우주공학을 공부했고, 나와 마찬가지로 미식축구에 푹 빠져 있다. 둘이서 미식축구 이야기를 한번 시작하면 도무지 끝이 나지 않을 정도다.

호퍼에게는 대학생 아들이 둘 있다. 어째서인지 부모를 따라 미식축구의 길로 가는 대신, 두 아들 모두 아이스하키 선수로 활약하고 있다. 마이클은 늘 아들의 시합에 관심이 많다. 국제우주정거장에 있는 동안에는 아들이 출전하는 시합이 담긴 유튜브 영상을 받아서 즐겁게 관람하곤 했다.

NASA 소속의 여성 우주비행사인 섀넌 워커 Shannon Walker는 라이스대학교에서 우주물리학 박사학위를 취득하고 NASA에서 일한다. 섀넌도 이번 임무로 우주에 두 번째 머물게 되었고 나이는 나와 같다. 러시아에서 훈련을 받은 경험도 있어서 나와 거의 비슷한 경로로 경력을 쌓은 데다 공통점도 많다. 무엇보다 섀넌의 남편은 2005년 나의 첫 비행 때 우주왕복선에 함께 탑승한 앤디 토마스Andy Thomas라는 우주비행사여서 서로 잘 아는 사이다.

마찬가지로 NASA 소속인 빅터 글로버Victor J. Glover는 아프리카계 미국인이다. 국제우주정거장에 장기 체류하는 최초의 흑인이 되었다. 미 해군 조종사 출신으로 주일 미군 기지에서 근무한 경험도 있어서 일본에 대해서도 아주 잘 안다. 나중에 이야기하겠지만 일본 음식에도 일가견이 있는 음식 전문가이기도 하다. 별명은 '아이크IKE'다. "I Know Everything(나는 뭐든 다 안다)"를 줄인 말이라고 한다. 약간 거만해 보이는 별명이지만, 실제로는 결코 자만하지 않고 더없이 조심스럽고 겸손하다. 자기 업무에 대한 책임감이 누구보다 강한 승무원이다.

그리고 JAXA 소속인 나, 노구치 소이치는 각기 다른 세 가지 우주선(우주왕복선, 소유스 우주선, 크루 드래건)에 탑승한 경험을 살려 다른 승무원들이 미처 보지 못한 관점에서 조언하며 팀 전체를 뒷받침했다.

우주비행사의 세계에서는 후보생이 된 연차가 빠를수록 선배로 존중하는 경향이 있다. 나는 1996년, 승무원 중에서 가장 먼저 후보생이 되었기 때문에 모두에게 '마스터MASTER'라고 불린다. 술집 주인장이 아니라 '스승'이라는 뜻이다.

네 멤버의 각기 다른 배경과 상이한 성격은 우리 팀에게 다양성과 수용을 토대로 한 강인함을 안겨주었다. 역사가 오래되지 않은 크루 드래건이라는 우주선에 도전하면서 지금껏 다양한 과제가 나타났지만, 그럴 때마다 화이트보드를 앞에 두고 넷이서 머리를 맞댄 채 해결책을 논의하거나 매뉴얼을 한 손에 들고 서로의 움직임을 체크해 주곤 했다.

다른 관점이 있기에 새로운 발견이 있고 부족한 점을 개선

ⒸNASA

출발 직전 가족과 지상의 동료들에게 손을 흔드는 네 명의 승무원

우주에서 전합니다, 당신의 동료로부터

할 기회가 찾아오기 마련이다. 그리고 그 바탕에는 다른 멤버를 향한 흔들림 없는 신뢰와 존경이 있으며, 각기 다른 능력과 의견 차이를 뛰어넘었을 때 비로소 하나의 팀이 될 수 있다는 공통된 생각이 담겨 있었다.

경보음이 울려 퍼진 우주선

크루 드래건 4인방은 한 달가량 먼저 도착한 러시아 소유스 승무원 세 명과 합류해 국제우주정거장 역사상 최다 인원인 일곱 명이 함께 공동생활을 했다. 국적이 다양한 승무원들이 모이면 아무래도 언어에 문제가 생길 수밖에 없다. 작전을 수행하거나 일상생활에서 대화할 때는 영어를 공통어로 사용하는데, 위급한 상황이 벌어지면 의사소통의 어려움이 수면 위로 나타난다.

어느 날 우주선 안에 긴급사태를 알리는 경보음이 울리기 시작했다.

"왜 경보음이 울렸지?"

어떤 문제가 발생했는지 파악하려고 모두 애를 쓰고 있었다. 영어가 모국어인 미국인 승무원은 아는 정보를 빨리 알리고 싶은 마음에 빠른 속도로 말을 쏟아냈다. 바깥으로 쉽게 달아날 수 없는 우주 공간. 긴박감은 어느새 최고조에 달해 있었다.

보고를 듣던 러시아인 승무원은 미국인 승무원의 말을 더이상 따라가지 못하고 결국 중간에 말을 멈추게 했다.

"잠깐, 잠깐. 알아들을 수 있게 천천히 말해줘!"

우주정거장에 있는 동안 이런 일이 몇 번이나 일어났다.

경보음은 대부분 오작동으로 그쳤다. 예를 들어 화재 감지기에서 경보음이 울릴 때는 센서가 공기 중에 떠다니는 먼지를 잘못 감지한 것이 원인이었다. 이런 경우에는 오작동을 일으킨 센서를 재가동하면 해결된다. 하지만 승무원들 사이에서 생기는 의사소통의 작은 어긋남은 조금씩 쌓여 응어리로 남을지도 모르는 일이었다.

그렇게 되기 전에 우리 일곱 명은 같이 모여서 위급한 때일수록 천천히 말하기로 약속했다. 정보를 급하게 많이 전하기보다는 조금씩이어도 좋으니 상대가 이해할 수 있도록 확실하게 전하는 것이 중요하기 때문이다. 우리에게 필요한 건 일곱 명이 한 팀으로 움직이는 일이니까.

언어의 장벽을 만들지 않도록 한 가지 더 특별히 마음을 쓴 부분이 있다. 미국인 승무원이 내게 이런 말을 한 적이 있다.

> "다수파(미국인)가 하나로 뭉쳐서 자기들만의 무리를 만들어서는 안 돼. 소수파(러시아인과 일본인)가 불편하게 느낄 테니까. 그렇게 되지 않도록 다수파는 늘 소수파의 의견에 귀 기울여야 해."

안정된 공동생활을 꾸려 나가려면 소수를 존중하고 받아들여야만 한다. 나는 이 미국인 승무원의 말에 깊이 고개를 끄덕였다.

이와 마찬가지로 자칫 잘못하면 '군인 대 민간인'이라든지 '스페이스X 대 소유스'처럼 파벌이 생길 수도 있다. 우리 일곱 명은 각기 다른 집단으로 분열되지 않도록 늘 노력하면서 한 팀으로서 함께 일했다.

하나로 뭉친 일곱 명

화재 감지기가 울렸다. 승무원들은 국제우주정거장 곳곳의 모듈에 흩어져 있는 상황이다. 구성원들은 서둘러 가스마스크를 쓰고 소화기를 든 채 미리 집합하기로 정해둔 장소로 향한다.

우선은 스페이스X 승무원 네 명과 소유스 승무원 세 명이 각각 모여 서로의 안위를 확인한다. 사태를 분석한 뒤 타고 온 우주선으로 지구로 돌아갈지, 그대로 머무르며 위험 요인을 제거할지 사령관이 결정한다. 국제우주정거장에 남아 위험 요인을 제거하기로 결정하면 일곱 명 전원이 모여 진화 작업에 착수한다.

위의 모습은 국제우주정거장에서 실시하는 긴급 대처 훈련의 한 장면이다. 센서 오작동이 아니라 실제로 긴급사태 알림을 받고 대처한 사례도 있다. 화재는 아니고 최근 자주 일어나는 공기 누출이 원인이었다.

특히 러시아 모듈은 20년 이상 세월이 지나 외벽을 이루는 금속이 점차 약화되면서 크랙이라 불리는 균열이 생겼고 그 결과 공기 누출이 자주 일어났다. 그럴 때마다 승무원이 출동해서 공기가 새지 않도록 막는 작업을 했다.

한 가지 분명한 사실은 우리 일곱 명이 우주에 머무르는 동안 같은 목표를 바라보고 있었다는 점이다. '모두 함께 살아남기'라는 흔들림 없는 목표 말이다.

반만 살아남고 반만 위기를 벗어나는 일은 없다. 공기 누출이나 화재 또는 유독가스가 발생했을 때 이 우주 공간에서 모두 함께 살아남지 않으면 그 누구도 살아남지 못한다. 우리는 그런 마음을 공유하고 있었다.

긴급사태에 대처하고 고난을 함께 극복하면서 우리는 더 강한 연대감을 얻었다. 모두가 같은 목표를 가슴에 품자 한층 더 강인해질 수 있었던 것이다.

국제우주정거장 리더의 덕목

국제우주정거장의 이번 사령관은 러시아인 우주비행사 세르게이 리지코프 Sergey Ryzhikov다. 10년 전 그를 만났을 때는 "내가 사령관이다!"라고 말하는 듯한 강한 힘이 느껴졌는데,

지금은 그런 모습이 완전히 자취를 감추었다.

그는 평소에도 오늘은 무슨 일을 하는지 물으며 승무원들의 상태를 살피고, 긴급사태에 대비해 훈련할 때도 모두의 의견이 하나로 모이도록 꼼꼼히 신경 써주었다. 세르게이는 완전히 승무원을 두루두루 배려하는 사람이 되어 있었다.

다채로운 멤버들을 이끌어 나가는 팀 리더에는 다양한 스타일이 있다. 리더라는 사실을 끊임없이 드러내면서 자신의 지시에 정확히 따르도록 명령하는 유형, 반대로 멤버들의 생각을 모두 흡수하면서 최대공약수가 되는 해답을 찾을 수 있도록 협조하는 유형, 또는 평소에는 리더십을 강조하지 않다가 중대한 일이 있을 때만 자신이 책임을 지겠다고 명확하게 드러내는 유형도 있다.

최근 국제우주정거장의 사령관들을 살펴보면 협조형 리더가 더욱 각광받게 되었다. 승무원들을 하나로 어우러지게 하는 '중간 관리직' 같은 색채가 강해져서 의견을 듣는 역할이 중요해진 것이다. 국제우주정거장은 이제 강한 리더십이 필요한 사회에서 벗어나, 많은 동료의 힘을 이끌어 낼 수 있는 조화로운 사회로 나아가고 있는 듯하다.

내가 2005년 첫 비행에 나섰을 때 우주왕복선 디스커버리호 최초의 여성 사령관이었던 아일린 콜린스^{Eileen Collins}가 한 말이 문득 떠오른다.

"리더의 역할은 모두를 만족시키는 것이 아니다. 모두가 각기 다른 불만을 갖지 않도록 하는 것이다."

한 조직에 속한 구성원들은 항상 각자 다른 불만을 느끼기 마련이지만, 어떤 구성원은 90퍼센트 만족하고 있는 데 비해 다른 구성원은 30퍼센트밖에 만족하지 못한다면 조직이 제대로 굴러가지 않는다. 서로 적절히 타협해서 어느 정도 불만은 있더라도 모두가 비슷하게 행복한 상태, 말하자면 불만이 균등하게 분배되어 있는 상태가 바람직하다.

예컨대 국제우주정거장에서 선외 활동은 우주 임무의 꽃이라 할 수 있으니 임무를 받은 우주비행사는 무척 만족스러울 것이다. 반면, 선외 활동 임무를 받지 못한 사람은 도킹의 주요 과정을 담당한다든지 로봇 팔 조종을 맡는다든지 해서 눈에 띄는 위치에 서게 해야 한다. 이렇게 역할을 적절히 나누면 불만도 똑같이 나눌 수 있다.

우주비행사는 한 사람 한 사람이 모두 뛰어난 적응 능력을 갖춘 인재다. 그래서 마음만 먹으면 누구든 리더가 될 수 있을 듯하지만 실제로는 그렇지 않다. 리더는 팀이 원하는 목표를 달성하기 위해 각자에게 필요한 역할을 적절히 분배할 줄 알아야 한다.

다만 이렇게 구성원들을 지휘하려면 개인이 안고 있는 작은 불만에서 눈을 떼서는 안 된다. 그러므로 리더에게는 한 명 한 명 고루 살필 줄 아는 능력이 반드시 필요하다.

일본 실험 모듈 '키보'에 모인 제64차 장기 체류 승무원 일곱 명

동료와의
적당한 거리

좁혀야 할 거리와 지켜야 할 거리

국제우주정거장이라는 폐쇄된 공간에서 승무원 일곱 명이 함께 살아가려면, 누구와 얼굴을 마주하든 스트레스 받지 않도록 만드는 것이 가장 시급한 과제다. 사람과 사람 사이의 거리를 좁히고 마음을 터놓을 수 있는 관계로 만드는 비결이 있으니, 그 비결이란 뜻밖에도 '운동'과 '식사'다.

우주비행사의 루틴 중 하나는 무중력 환경에서 근력이 떨어지지 않도록 매일 150분씩 시간을 내서 운동하는 것이다.

사실 운동 중인 승무원은 지상 관제사나 다른 동료 승무원에게 일절 응답하지 않아도 된다고 규칙으로 정해져 있다. 운동은 강제로 해야 하는 업무가 아니라 우주비행사에게 주어진 권리이기 때문이다.

지구로 귀환한 뒤로 "매일 150분씩 운동을 하다니 힘들었겠네요" 하는 이야기를 종종 들었는데, 오히려 반대에 가깝다. 긴장을 풀고 기분 전환하기에 더할 나위 없이 좋은 시간이었기 때문이다. 국제우주정거장에는 각국의 실험 모듈과 주거 모듈 사이를 연결하는 통로 부분에 트레이닝 코너가 있고 접이식 고성능 근력 운동기구나 러닝머신, 에르고미터(자전거처럼 페달을 밟는 운동기구) 등이 모여 있다.

운동기구를 사용할 때는 혼자지만, 운동을 마치고 다른 사람과 교대하기 위해 옷을 갈아입는 시간 또는 휴식을 취하는 시간에는 그 자리에 있는 승무원과 잡담을 나눌 수 있다. 사람들이 오가는 길목이다 보니 작업 중인 동료 승무원과도 자주 마주친다. 그때가 바로 소소한 인사를 나눌 절호의 기회다.

헬스장에 다녀본 사람이라면 누구나 쉽게 이해할 수 있다. 운동을 다니다가 긴장이 풀리면 헬스장에서 여러 번 마주치는 사람에게 왠지 모르게 말을 걸어보고 싶어지는 때가 있다. 그

홉킨스 비행사 등장! 운동 중에 다른 비행사가 러닝머신
옆을 지나가는 모습은 흔히 볼 수 있는 풍경이다.

러다 뜻이 맞으면 운동 후 술 한잔으로 이어지기도 한다. 운동
을 하다 보면 일에서 완전히 벗어나 마음이 활짝 열리기 때문
이다. 이 좋은 기회를 놓쳐서는 안 된다.

그리고 식사 시간. 하루 세 번의 식사 중에서도 일을 마치
고 먹는 저녁 식사는 승무원들이 모두 모이는 화목한 시간이
다. 일에 관한 불평부터 가족 이야기, 미래의 꿈까지 이야깃거
리가 끊이지 않는다. 사람은 음식을 먹는 동안 평소보다 무방
비해진다. 사적인 이야기를 부담 없이 편하게 나누기에 딱 알
맞은 시간이다.

우주에서 전합니다, 당신의 동료로부터

©Soichi Noguchi

호시데 아키히코 비행사를 비롯한 크루 드래건(Crew-2) 멤버가
합류해 열한 명이 함께 즐거운 식사를 했다.

  그중에서도 매주 금요일 밤은 좀 더 특별하다. 식사를 한
뒤 다 함께 영화를 보는 '무비 나이트'로 정해져 있기 때문이
다. 우주와 관련된 영화는 물론 히어로물이나 코미디까지 장
르를 가리지 않고 다양한 영화를 즐긴다. 다음 날인 토요일은
늦잠을 자도 되니 함께 영화를 보면서 다들 한참 수다를 떤다.
이런 시간이 동료들과 소통할 수 있는 무척 소중한 기회가 되
었다.

오늘도 평화로운 국제우주정거장

무비 나이트에서 또 하나 빼놓을 수 없는 것이 바로 과자다. 미국 사람은 일단 뭐든 먹고 마시면서 와자지껄하게 영화 보기를 좋아한다. 나도 매주 일본에서 챙겨온 초콜릿 과자를 가져가서 모두에게 나누어 주곤 했다. 그래서 임무가 끝날 때쯤에는 모두가 먼저 '포키(초콜릿을 입힌 길쭉한 막대 과자-옮긴이)'를 찾게 되었다.

어른이 되면 직책이나 역할 때문에 개인적인 이야기를 좀처럼 꺼내기가 어려워진다. 그럴수록 물리적인 거리가 줄어드는 식사 시간이나 긴장을 풀 수 있는 시간을 이용하면 마음속 장벽이 자연히 낮아져 부담 없이 대화를 즐길 수 있다.

여기서 한 가지 더 잊어서는 안 되는 일이 있다. 상대방과의 거리를 좁히는 것과 마찬가지로 아주 중요한 일이다. 혼자 있을 수 있는 시간과 공간을 확보하고 지나치게 가까워지지 않도록 적당한 거리를 유지하는 것이다.

국제우주정거장 안은 거의 대부분이 공용 공간으로 쓰인다. 그래서 침실용으로 각자에게 할당된 독방만이 유일한 개인 공간이다. 타인을 존중하기 위해 함부로 다른 사람의 방문을 두드려서는 안 된다. 아무리 사교적인 사람이라 해도 반드시 혼자 있고 싶을 때가 있기 마련이다. 쉬는 날에는 늦잠을

ISS의 침실. 혼자 시간을 보낼 수 있는 귀중한 공간이다.

자고 방 안에 틀어박혀 있어도 된다. 이런 당연한 사실을 공유하는 것이 공동생활의 비결이 아닐까?

나에게 편안한 위치 찾기

새로운 집단에 들어갈 때는 이렇게 생각해 보자. '이 집단 안에서 내가 편안하게 있을 수 있는 위치는 어디일까?' 그러려면 먼저 주위를 잘 둘러보고 사람과 사람이 어떤 식으로 관계를 맺고 있는지 주의 깊게 관찰해야 한다.

그다음 내가 어떤 위치에 서야 할지 생각해 보면 된다. 어쩌면 리더의 자리일지도 모르고, 리더를 뒷받침하는 자리일지도 모른다. 어떤 위치든 자신에게 적합한 자리를 찾는다면 마음이 편안해지고 집단 안에서 받는 스트레스도 줄어든다.

우리 크루 드래건 팀 네 명이 찾아오기 전까지 국제우주정거장에는 소유스 팀 세 명이 먼저 와서 머물고 있었다. 이런 경우 우선은 그 세 사람이 형성한 '그룹 다이내믹스group dynamics (집단 역학)'를 파악하는 데서부터 시작한다. 이어서 새로운 구성원 네 명이 어떤 위치로 들어가야 할지 차례차례 확인해 나간다.

어렵게 생각할 필요는 없다. 사실 모든 구성원이 모이는 식사 자리나 앞서 이야기했던 합동 긴급 대처 훈련이 바로 각자의 위치를 확인할 수 있는 시간이기 때문이다.

일곱 명이 다 같이 조리해서 식사를 하거나 합동 훈련을 해 보면 '이 사람은 멤버들을 통솔하는 사람', '저 사람은 꼼꼼히 체크하는 사람', '이 사람은 나서서 움직이는 사람'과 같이 각각의 자리가 저절로 눈에 보인다.

그렇다고 해서 주위를 관찰하는 데 계속 신경을 쓰다가는 장기 체류를 버틸 수 없을지도 모른다. 그럴 때는 '둔감력'이라는 말을 떠올리면 좋다. 대략 해석해 보자면 이런 뜻이다.

"사람들은 지나치게 신경을 쓴 나머지 지쳐버린다. 주변 사람들은 생각보다 나에게 관심이 없으니 좀 더 둔감해지자."

다른 사람의 평가를 지나치게 신경 써서 마음을 갉아먹히다니 너무 아까운 일이다. 그런 일에 마음을 빼앗기기보다는 사람과 사람이 하나로 이어지는 인연의 소중함이나 상대의 풍부한 감정을 민감하게 포착할 수 있도록 마음을 열어두면 어떨까? 그러려면 늘 상대를 존중할 수 있는 마음가짐이 반드시 필요하다.

세계 시민으로 살아가기 위해

세계 각국의 승무원들이 모인 국제우주정거장은 이른바 다민족 국가라 할 수 있을지도 모른다. 각자 익숙한 모국어도 친숙한 문화도 다른 동료 승무원들이 공존하기 때문이다.

이곳에서는 자신들만의 분위기를 형성하고 굳이 말하지 않아도 상대방이 알아서 이해해 주기를 바라는 동양식 사고방식은 통하지 않는다. 나는 학생 시절의 경험을 통해 이를 실감했다.

나는 대학에 입학할 때까지 외국에 가본 적이 없었다. 대학에 막 입학해 교양 수업을 듣는 동안 주변에 있는 친구들은 대부분 비슷한 학력을 가진 고만고만한 학생들이었다. 그때는 고등학교에서 공부하는 3년 동안 미분 적분을 마스터했다든지, 물리와 화학을 모두 이수했다든지 하는 식으로 이과 시험 과목의 범위에서 세상의 모든 것을 이해하려 했다. 요컨대 비슷비슷한 사람들의 집단인 셈이었다.

나의 세계관은 도쿄대학 공학부 항공과학 연구실에 들어간 뒤부터 서서히 달라졌다. 당시 담당 교수는 영국에서 유학한 경험이 있어서 벨기에, 튀르키예, 러시아, 중국에서 함께 연구하는 동료들이 끊임없이 찾아왔다. 그래서 자연히 외국어 발표와 토론의 파도에 이리저리 휩쓸려야 했다.

연구실 생활을 할 때 이런 일이 있었다. 당시 대학 연구실이란 교수나 선배 연구자들의 논문을 도와주면서 공부하는 '견습생' 단계부터 시작이었다. 그래서 선배들의 의도를 어떻게 하면 잘 파악할 수 있을지 헤아리는 일 또한 중요하게 여겨졌다. 조금 다른 예이긴 하지만, 장인에게 가르침을 받는 도제

제도 같은 집단이었다고 할까?

하지만 함께 책상을 나란히 두고 앉은 해외 유학생이나 기술자는 그런 일에 끼지 않았다. 선배 연구자의 기분을 살피는 일 따위는 신경도 쓰지 않고 그저 담담하게 자기 연구에 몰두하고, 발표를 할 때면 힘차게 토론에 나섰다.

그런 모습을 보고 기회가 될 때마다 유학생들에게 '조언'을 했지만 뜻이 통하지 않았다. '대체 왜 연구실의 관례를 지켜주지 않는 걸까?' 하는 생각에 유학생들의 자세가 점점 더 답답하게 느껴졌다.

하지만 지금 돌이켜 보면 주위 사람의 눈치를 살피며 연구하는 환경은 혁신이 필요한 세계와 맞지 않았던 듯하다. 가령 지시 하나를 하더라도 자리의 분위기에 따라서가 아닌 명확한 목적과 객관적인 기준에 따라 명백한 사례를 토대로 결과를 도출하는 방법을 보여주어야 한다.

외국에서 느낀 문화 충격도 나를 일깨우는 좋은 경험이 되었다. 학생 시절 미국에 가서 캘리포니아 공과대학 등을 돌아본 적이 있다. 일본과 달리 보잉 Boeing과 같은 우주 항공기 회사가 많은 미국에서는 학생들이 접하는 자료의 수준이 우리와는 완전히 달랐다. 학생들은 대학에 입학하자마자 최첨단 기술이 담긴 도면을 볼 수 있었다. 실제로 하늘을 날고 있는 항공기의 기체 구조를 공부하고 다양한 학생들이 모여 거리낌 없이 토론을 한다. '이래서는 도저히 따라잡을 수 없겠군' 하는 생각에 깊은 한숨을 내쉴 수밖에 없었다.

그때 깨달은 점은 같은 항공우주공학을 연구하더라도 입시 수학처럼 열 명이 모두 똑같은 풀이를 내놓아서는 결코 과제 해결로 이어지지 않는다는 사실이었다. 해법은 언제나 하나가 아니어야 한다. 무엇이 좋다고 미리 정해두지 않고, 여러 해결법의 장점과 단점을 논의하는 데 의미가 있다.

다시 말해, 모두가 각기 다른 생각을 가지고 하나의 문제에 대해 다양한 접근 방식을 시험해 보는 것이다. 이것이야말로 다양성을 품은 발상 그 자체가 아닐까? 이렇게 길러낸 도전 정신이 다른 나라와 대등하게 앞을 다툴 수 있는 기반이 된다.

내가 아는 진실이 다가 아니다

이야기가 약간 옆길로 새지만, 국제 사회에서 얻은 경험을 한 가지 소개해 보고자 한다. 때는 두 번째 우주 비행을 마친

2010년 이후, 오스트리아 빈과 뉴욕에 있는 국제연합UN 회의장에서 일하다가 겪은 일이다.

회의장에 있는 사람은 대부분 변호사 출신이었는데, 그들은 국제연합에서 논의하는 다양한 과제의 해결책과 조항 해석에 대해 언제까지고 논의할 수 있다는 듯이 협상을 멈추지 않았다. 그때 이런 말을 자주 들었다.

"Truth is negotiable."

진실은 협상이 가능하다는 뜻이다. 이 말은 내게 아주 강렬하게 다가왔다. 풀어서 설명해 보자면, 진실은 분명 하나일지도 모르지만 얼마든지 다르게 받아들이고 생각할 수 있으니서로 뜻을 내세워 우위를 차지한 의견이 '정설'이 되고 '진실'이 된다는 의미가 아닐까. 그곳은 거친 협상가들이 서로 뜻을 겨루는 무시무시한 곳이라는 생각이 들었다.

성실하고 근면한 사람들은 '진실은 단 하나'라고 생각하는 경향이 강하다. 만화에서도 드라마에서도 마지막에는 반드시 진실을 아는 사람이 이긴다고 여기는 분위기가 있다. 무언가를 만드는 기술자는 좋은 물건을 만들면 반드시 팔린다는 생각으로 열심히 작업에 임한다. 그건 분명 중요한 미덕이며, 좋은 물건을 만들면 좋은 결과가 따르리라는 생각도 당연한 민음일지도 모른다. 하지만 국제 사회에서는 그것만으로는 살아남을 수 없다.

변호사들의 협상에 따라 진실이 결정되는 세계다. 실제로 물건의 좋고 나쁨은 한쪽으로 밀려나고, 목소리 큰 사람이 이기는 듯한 결과가 나올 수도 있다. 그러니 애써 품질 좋은 물건을 만들었다면 가만히 앉아 기다리지 말고 물건을 팔기 위해 끊임없이 협상해야 한다.

물론 우주 비행 훈련을 할 때는 "Truth is negotiable"처럼 검은색을 흰색이라고 설득하지는 않는다. 그러나 설득이 전혀 필요없는 것은 아니다. 어떤 상황에서는 가만히 내버려 두면 의견이 자칫 생각지 못한 방향에 다다를 수도 있다. 만약 동료 가운데 사실을 잘못 인식한 사람이 있다면, 그 논리를 깨트리고 설득해서 궤도를 수정해 줄 수 있는 능력을 갖추어야 한다. 국제연합에서 얻은 경험은 내게 커다란 교훈을 안겨주었다.

소외감은 또 다른 동력으로

학생 시절 유학생을 통해 체험한 다른 나라의 문화, 미국에서 느낀 문화 충격, 국제연합에서 목격한 강렬한 협상의 현장……. 다른 나라 사람들과 함께 하루하루 지식을 갈고닦으면서 우주 비행을 할 때와는 또 다른 국제 감각을 익힐 수 있는 날들이었다.

다만 내면을 좀 더 깊이 파고들어 보면 내 안에는 '소외감' 같은 것이 깊이 뿌리내린 듯하다. 국제 사회를 마주하는 데 있어 많은 영향을 준 이 감정은 초등학교 시절 처음 전학을 갔을 때 느낀 감각이었다.

가전제품 회사 '도시바'의 기술자였던 아버지가 전근을 가면서 나는 세 살 때부터 텔레비전 공장이 있는 효고현 다이시초에서 살기 시작했다. 그리고 지역 유치원에서 초등학교로 올라가 보이 스카우트 활동을 열심히 하면서 나중에는 당연히 그곳의 중학교에 입학하리라 믿고 있었다.

하지만 초등학교의 마지막 학년인 6학년에 올라갈 때 도시바의 다른 공장이 있는 가나가와현 지가사키시로 전근하는 아버지를 따라 처음으로 전학을 가게 되었다.

이른바 간사이(오사카와 교토를 중심으로 한 지방-옮긴이) 문화권을 떠나 번화하고 자유분방한 분위기가 넘치는 간토(도쿄를 중심으로 한 지방-옮긴이) 지역으로 삶의 터전을 옮긴 것이다.

지금껏 당연하게 여겼던 학교의 상식이나 지역의 공기가 완전히 바뀌었으니 열두 살 소년에게는 꽤 큰 충격이었다. 마치 국경을 넘어 낯선 나라로 이민을 간 느낌이었다고 표현해도 과장이 아닐 것이다.

그래서 외국에서 생활하다가 귀국한 사람이 느끼는 일종의 소외감이 내 안에도 있었다. 자기가 어디에도 속하지 않는다는 감각 말이다. 일본인이지만 미국인으로서 살아온 아이도 있고 러시아에서 자라면서도 러시아 사람들에게 언제나 일본인으로 여겨졌던 아이도 있다. 그런 아이들은 자신이 소속된 사회의 '변두리'라 불러야 할 경계선을 떠돌면서 많은 어려움을 겪는다.

하지만 그와 동시에 모국과 다른 말과 논리를 몸소 겪은 만큼 강렬한 국제 감각을 얻을 수도 있다. 나 또한 이런 어린 시절을 경험하면서 자신이 중심이 아닌 가장자리에 있다는 사실을 깨달았고, 내가 하고자 하는 말을 어디서든 똑똑히 전해야겠다고 마음먹었다.

하지만 한 가지는 미리 양해를 구하고 싶다. 나는 말하기 전에 하나부터 열까지 정리해 두기보다는 말할 때 흐름에 따라 이리저리 조금씩 튀어 나갔다가 마지막에는 역시 우스갯소리로 마무리하지 않으면 말을 끝내지 못한다. 아마도 어릴 적 경험한 간사이 문화의 흔적으로 보이는 이 버릇은 지금도 변함이 없다.

고등어 통조림과
세탁 불가 옷

식사는 최고의 문화 교류

식사는 동료에게 한 걸음 성큼 다가갈 수 있는 더할 나위 없이 좋은 기회이기도 하지만, 사실 다양한 문화를 소개할 수 있는 훌륭한 교류의 장이기도 하다. 식사가 바로 문화 그 자체이기 때문이다. 여러 나라의 승무원들은 우주에 올 때 각국이 자랑하는 음식을 가지고 온다. 나도 질세라 다양한 일본 음식을 챙겨왔다.

화물선으로 보내주는 과일이나 채소 같은 신선 식품을 맛

볼 때도 있지만, 우주비행사의 식사는 기본적으로 오랫동안 보존할 수 있는 우주식宇宙食이 중심이 된다. 우주식은 조리법이 정해져 있다. 동결 긴조 음식에 더운물 또는 찬물을 넣거나, 레토르트 식품이나 통조림을 데워서 먹는다. 그래도 우주식의 종류는 300가지가 넘는다.

내가 소개한 일본 음식 중에서도 가장 반응이 좋았던 메뉴는 후쿠이현의 와카사고등학교若狭高校 해양과학과가 12년에 걸쳐 연구하고 개발한 '고등어 간장 양념 통조림Canned Mackerel in soy sauce'이다.

맛을 느끼기 어려운 무중력 상태에서도 풍미를 즐길 수 있도록 진한 간장에 설탕으로 단맛을 더해 맛을 살렸다. 생선의 비린내도 느껴지지 않는다. 게다가 통조림을 먹을 때 우주선 안에 수분이 날아다니지 않도록 칡 전분으로 국물의 점성을 절묘하게 조절했다.

우주식에 질리지 않으려면 무엇보다 메뉴가 다양해야 한다. 평소 스테이크만 주로 먹는 미국인이라도 고등어 통조림 같은 해산물을 균형 있게 섭취하면 영양뿐만 아니라 정신적인 측면에도 도움이 된다.

이 통조림은 지상에 있는 많은 사람에게도 꼭 소개하고 싶었다. 그래서 유튜브 채널 〈Soichi Noguchi〉의 첫 번째 영상에서 음식 리포트처럼 소개했더니 열렬한 반응이 돌아왔다.

"캔을 열자마자 대참사가 일어날 줄 알았는데 생각보다 물기가 별로 없네요."

"갑자기 고등어 통조림이 먹고 싶어졌어요!"

와카사고등학교의 고등어 통조림을 비롯해 JAXA의 인증기준을 통과한 '우주 일식日食'은 품목이 47가지에 이른다. 상온에서 1년 반 이상 보존이 가능해야 하고 액체와 가루가 날

출처: 유튜브 Soichi Noguchi

'우주 일식'으로 인정받은 와카사고등학교의 고등어 통조림

우주에서 전합니다, 당신의 동료로부터

리지 않아야 하며 용기와 포장에는 불에 타기 어려운 소재를 사용해야 한다.

　나처럼 저렴하고 소박한 음식을 좋아하는 아저씨 세대에게는 호테이푸드ホテイフーズ의 '호테이 양념 맛 닭 꼬치구이'가 최고다. 우주선 안에서는 음주가 금지되어 있어 아쉽지만, 술 한 잔과 같이 먹고 싶은 전설의 음식이다. 뭐니 뭐니 해도 국물이 딱 알맞게 걸쭉하다. 양념을 묽지 않게 만들려고 전분을 많이 넣으면 맛이 밍밍해지기 쉬운데, 간을 절묘하게 맞춰서 흰 쌀밥과 함께 먹고 싶어진다. 리켄비타민理研ビタミン의 간편한 '미역국'은 팩에 더운물을 붓고 빨대로 마신다. 일본 음식 특유의 깊은 국물 맛은 우주 생활에서 빼놓을 수 없는 존재다.

　내가 우주에 갈 때마다 도움을 받고 있는 하우스식품ハウス食品의 '즉석 비프 카레'는 시중에서 판매하는 즉석 비프 카레의 약간 매운맛 버전을 좀 더 맵게 만들었다. 미국과 러시아 동료 승무원들에게 "카레는 역시 일본 카레지!"라고 극찬을 받은 음식이다. 이번에도 카레를 잔뜩 챙겨왔는데, 대부분 동료들과 나누어 먹었다.

　카레를 주는 대신 푸아그라나 연어를 받기도 했다. 그야말로 식문화 교류의 시작이다. 미국인은 특히 단것을 좋아한다.

그들은 과일 케이크나 초콜릿 등을 자신을 위한 선물로 챙겨
와서 나에게도 나눠주곤 했다.

조미료의 달인

크루 드래건의 동료 승무원인 빅터 글로버는 신참 우주비
행사이지만 식사 시간이 되면 음식 전문가로 활약했다.

다른 동료들이 스테이크나 구운 치킨의 포장을 뜯어서 "이
거 맛 괜찮네" 하며 먹기 시작하면, 빅터는 턱에 손을 괴고 생
각에 잠긴다. 그러고는 "이 고기에는 이 소스를 뿌리면 맛있지
않을까?" 하며 조미료를 꺼내 온다. 실제로 먹어보면 아주 절
묘한 맛이 난다. 세 번째 우주 비행에서 처음으로 '음식'의 달
인을 만난 것이다.

그 후로 빅터가 턱을 괴면 다른 동료들은 그가 어떤 말을
할지 가만히 기다리게 되었다. 어느 날은 일본인이 아니면 잘
모를 법한 조미료를 꺼내 나를 놀라게 하기도 했다.

"여기에는 유즈코쇼(유자와 고추를 으깨고 소금을 더한 일본의
조미료-옮긴이)가 잘 어울려."

이러면 나도 질 수 없지. 나는 지상에서 가져온 간장 두 가지를 꺼내서 어떤 음식에 어떤 간장이 더 잘 맞는지 모두에게 알려주었다. 그러자 식탁이 너 화기애애해졌다.

사실 국제우주정거장에는 여행 가방이 꽉 찰 만큼 다양한 조미료가 있다. 스테이크나 생선 통조림에 맛을 더하기 위해 조미료를 약간 뿌리기만 해도 식생활이 더욱 즐거워진다. 조미료를 통해 각기 다른 문화를 나누는 시간은 식탁을 한층 풍요롭게 만들어 주었다.

우주에서 입는 옷

우주선 생활을 담은 내 유튜브 영상을 들여다보면 내가 입은 파란색 비행복을 볼 수 있다. 이 비행복은 일본의 의류 회사 '빔스BEAMS'가 제작한 옷이다. 비행복 외에도 티셔츠, 와이셔츠, 폴로셔츠부터 속옷까지 모두 준비해 준 덕분에 우주선 생활이 더욱 쾌적해졌다.

빔스는 1976년에 문을 연 기업이다. "물건을 통해 문화를 만든다"라는 이념을 토대로 일본인이 만드는 물건의 섬세함과

정교함을 널리 알리고 있다. 나도 일상복으로 이 브랜드의 옷을 자주 입기 때문에 빔스라는 회사의 신념을 잘 안다. 다가오는 우주 관광 시대에 일본의 민간 기업이 다양한 프로젝트로 우주에서 활약한다는 사실은 몹시 반가운 일이다. 이번 우주 비행에서는 빔스와 JAXA가 손을 잡아 꿈의 합작이 현실이 되었다.

국제우주정거장 안은 기압이 지상과 동일한 1기압으로 유지되고 온도와 습도도 쾌적하게 조절되기 때문에 우주복 대신 지상에서 입는 것과 같은 옷을 입을 수 있다.

다만, 여기서 가장 중요한 점은 불연성이다. 지금까지 선내복에는 불에 잘 타지 않는 100퍼센트 면을 사용했지만, 뻣뻣한 촉감이 늘 신경 쓰이곤 했다.

게다가 우주 체류 중에는 옷을 세탁할 수 없다. 대부분 폴로셔츠는 15일에 한 장, 속옷은 사흘에 한 장 같은 식으로 수량이 한정되어 있다. 그래서 우주에서 입는 옷에는 땀을 잘 흡수하고 빨리 건조되는 기능, 항균 및 탈취 기능을 가진 소재가 필요하다. 그런 점에서는 화학섬유가 더 뛰어나다고 할 수 있다. 따라서 불연성을 유지하는 범위 안에서 면과 화학섬유를 배합해 사용하면 더욱 쾌적한 선내복을 만들 수 있다.

빔스의 담당자와 1년 가까이 옷에 대해 논의하면서 비행복에 내가 원하는 부분도 여러모로 반영했다. 그렇게 얻은 성과를 소개하고자 한다.

얼핏 보면 평범한 치노팬츠 같지만 면 소재가 아니라 폴리에스테르와 폴리우레탄을 사용해서 촉감이 좋고 신축성도 뛰어난 천으로 제작했다. 러거셔츠에는 천연 소재인 대나무를 원료로 만든 실을 사용했다. 잘 알려진 대로 대나무에는 탈취효과가 있다.

그리고 디자인에도 심혈을 기울였다. 선내 작업에 필요한 휴대용 장비를 꺼내기 쉽도록 바지에는 주머니를 다양한 크기로 달았고, 아이디어를 살려 벨크로 테이프로 대형 주머니를 붙였다 뗄 수 있게 만들었다. 큰 주머니에는 작업 중 매뉴얼을 확인할 때 필요한 태블릿 컴퓨터를 수납할 수 있어서 무척 편리했다.

그중에서도 가장 마음에 들었던 옷은 파란색 비행복이다. 상하의가 하나로 이어진 기존의 점프슈트 형태를 그대로 살리되 윗옷과 바지를 분리할 수 있는 구조로 만들었다. 과거에 입던 비행복은 소재가 두꺼워 열이 빠져나가기 어려운 데다 펑퍼짐해서 빈말로도 멋있다고는 할 수 없었다. 빔스의 비행복은 허리에 있는 지퍼가 밖에서 보이지 않는 디자인이어서 점 프슈트로 보이지만, 지퍼를 열면 쉽게 윗옷을 벗을 수 있다. 볼일을 볼 때 비행복을 위에서 아래까지 전부 벗지 않아도 되 니 작업 효율도 훨씬 높아졌다. 그리고 비행복에도 붙였다 뗄 수 있는 주머니가 달려 있다.

이 비행복을 처음 입어보았을 때 정말 다양한 아이디어가 가득해서 이 옷이라면 틀림없이 세계의 기준이 될 거라고 호 언장담했을 정도다. 앞으로 10년, 20년 뒤에 더 많은 사람이 우주에 가게 되었을 때, 바로 이 옷을 입고 우주여행을 즐기고 싶어 하리라는 확신이 들었다.

우주 관광의 장은 각국에서 다양한 아이템을 가지고 와 전 세계에 정보를 발신하는 전시장이 될 것이다. 앞으로도 '메이 드 인 재팬'이 더 널리 쓰여 일본 제품의 뛰어난 기술력을 알 리는 좋은 기회가 되기를 기대한다.

소매에 달린 주머니도 탈착이 가능하다.

분리되는 형태로 만들어 작업 효율이 높아졌을 뿐만 아니라

상하의를 다른 옷과 따로 착용할 수도 있다.

우주 유튜버,
데뷔하다

'우튜버'의 탄생

시작은 우주 공간에서 셀프카메라로 촬영한 짧은 영상이었다. 어깨에 일본 국기가 달린 우주복 차림으로 내가 왼손을 세 번 흔든다. 그 바람에 가슴에 단 갖가지 공구들이 살아 있는 생물처럼 움직인다. 헤드라이트가 달린 헬멧의 바이저 너머로 살며시 미소 짓는 얼굴. 이 모든 과정이 오른손에 든 소형 액션카메라에 똑똑히 찍혔다.

이 영상은 선외 활동을 사람들에게 직접 보여주고자 이리

우주에서 전합니다, 당신의 동료로부터

선외 활동 중, 즉 진공 상태의 우주에서 셀프 촬영!

저리 궁리한 결과, 여러 위험이 도사리는 작업 환경에서도 아슬아슬하게 실행 가능한 방법을 찾아 촬영한 것이다. 셀프카메라로 찍은 짧은 영상 외에도 칠흑의 우주에 떠오른 푸른 지구를 배경으로 가느다란 안전줄을 단 동료 비행사 케이트 루빈스가 선외 활동을 하고 있는 장면도 촬영할 수 있었다. 이 고화질 영상을 2021년 3월 6일 유튜브 채널 〈Soichi Noguchi〉의 서른다섯 번째 영상으로 지상에 송신했다.

영상의 제목은 '우주로 나가보았다'이다. 생사의 경계를 넘나드는 우주 공간에서 보낸 이 영상에 지상에서는 전에 없이 커다란 반향이 일었다.

"잠깐 근처에 나갔다 오는 것 같은 제목이지만, 정말 엄청난 영상이다."

"우주에서 뭔가 해봤다는 영상 중 최고!"

"창문 너머가 아니라 직접 눈으로 보는 지구는 꿈만 같고, 이 배경에서 우주를 유영하는 비행사들의 모습은 상상을 초월한다."

이 영상은 '우주 공간에서 선외 활동을 하는 중에 셀프카메라로 촬영하고 우주에서 편집하고 우주에서 업로드한 최초의 영상'이라는 평가를 받아 현재 기네스북 등재를 신청 중이다.

나는 이렇게 우주에서 유튜브에 영상을 올리는 '우튜버'가 되었다.

자신의 감성으로 사는 시대

유튜브 채널 〈Soichi Noguchi〉는 2020년 11월 27일 문을 연 이후 80편이 넘는 영상을 소개했다. 이 채널의 콘셉트는 다음과 같다.

"우주에서 생생한 '우주의 일상'을 전합니다!"

국제우주정거장 안을 돌아보는 '우주선 투어'나 다양한 우주식을 맛보는 콘텐츠로 많은 사람에게 주목받았던 '음식 리포트' 중계뿐만 아니라, 일곱 개의 유리창을 통해 우주를 360도로 내다볼 수 있는 큐폴라에서 아름다운 지구를 4K 영상으로 방송하기도 했다. CG로는 재현하기 어려운 생생한 세계를 많은 사람에게 전했다고 자부하며, 감사하게도 채널 구독자 수는 거의 10만 명에 가까워졌다.

그중에서도 가장 많은 조회 수를 기록한 영상은 130만 회를 돌파한 열네 번째 영상, '물을 가지고 놀자!'다. 튕기기 쉽도록 테플론 가공이 된 탁구채로 공중에 떠 있는 주먹만 한 크기의 물방울을 가볍게 쳐보는 놀이다. 물방울은 탁구채에 맞은 순간 일그러진 모양으로 튀어 나갔다가 다시 둥근 모양이 되어서 실험실 안을 상하좌우로 떠다닌다. 보기만 해도 재미있다.

그다음은 혼자서 탁구 치기. 오렌지 주스로 만든 탁구공만 한 물방울을 약간 힘을 줘서 치자 그만 난리가 나고 말았다. 탁구공이 작은 물방울들로 분열되는 바람에 실험실 안이 젖을

뻔해서 서둘러 수건으로 닦아 뒤처리를 해야 했다.

내 유튜브에는 영화나 드라마에 등장할 법한 화려한 우주선 폭발 장면은 나오지 않는다. 하지만 공중에 떠 있는 밥, 떠다니는 물방울, 선외 활동 중 도구들이 우주에 둥둥 떠오르는 모습 등과 같이 지상에서는 있을 수 없는 장면들을 생생하게 느낄 수 있도록 우주의 풍경을 있는 그대로 전했다.

미국에는 〈NASA TV〉라는 케이블 방송이 있고 국제우주정거장을 촬영한 영상을 온종일 방영한다. 하지만 내가 올린 유튜브 영상은 직접 두 눈에 담은 진실이거나, 사람들에게 꼭 보여주고 싶었던 풍경이거나, 내가 선택한 특별한 이유가 담긴 장면이다. 그런 면에서 부가가치가 있는 셈이다.

무수히 많은 지구의 영상 가운데 내가 촬영한 카리브해의 산호초, 구름에 뒤덮인 후지산 같은 영상은 자신이 직접 선택했다는 가치가 있기에 의미가 있는 것이 아닐까? 가령 우주선 안에서 운동하거나 실험하는 장면이 단순히 재미있어 보여서 편집해 올린다 하더라도 영상에는 그 영상을 편집한 사람의 성격이 저절로 드러나기 마련이다.

지금 지구에서는 많은 유튜버가 그야말로 전 세계를 휩쓸고 있다. 유명한 유튜버들은 소속사에 들어가 전문 팀을 꾸리

'우주의 일상 014 - 물을 가지고 놀자!'
무중력에서만 할 수 있는 다양한 실험을 선보였다.

고 대규모로 영상을 기획하며 활약하고 있다. 반대로 집에서 본인이 가진 장비로 시작해서 자신만의 표현 방식으로 영상 만들기에 도전하는 소박한 유튜버도 있다.

좋아하는 유튜버의 행보에 민감하게 반응하고 열렬히 따르는 젊은이나 어린이도 많다고 한다. 그렇다면 그들이 손에 쥔 스마트폰 속 세상에 내가 다가가 멋진 우주의 모습을 실시간으로 보여주면 어떨까. 나는 크루 드래건을 타고 우주로 향하기 전부터 그런 생각을 가지고 있었고, 그렇게 유튜브의 세계에 도전했다.

노구치 소이치의 트위터 인기 게시물 베스트 3

두 번째 우주 비행을 계기로 2009년 10월 트위터를 시작하고
세 번째 우주 비행에서도 많은 글을 남겼다.
그중 가장 인기가 많았던 세 가지 게시물을 소개한다.

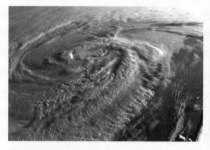

1위 2021년 2월 16일 "오늘의 홋카이도. 진짜로."
트윗 노출 수 1145만 회 이상을 기록했다.

2위 2021년 3월 9일 "#드래건이
#일본 열도 위를 날아간다
#SpaceX #Dragon flies
over #Japan night."

3위 2021년 1월 21일 "잠시 창문
을 열고 지구를 바라볼까."

우주에서 전합니다, 당신의 동료로부터

우주 식물 집사의
힐링

미래를 위한 우주 실험들

국제우주정거장의 일본 실험 모듈 '키보(희망)'에서는 이름 그대로 우리의 미래를 개척할 희망이 담긴 실험들을 진행한다. 그중 하나가 바로 iPS세포(유도만능 줄기세포)를 이용해 사람의 장기를 만드는 기술 개발 실험이다. 사람의 장기는 엄마의 자궁 속 양수에 잠긴 상태로 자란다. 양수가 가진 부력이 지상의 중력을 상쇄하므로 자궁 안은 마치 우주 공간의 무중력 상태와 유사하다.

도쿄대학과 요코하마시립대학에서 재생의료를 연구하는 다니구치 히데키谷口英樹 교수와 연구 팀은 우주 공간에서라면 배양된 세포가 자궁 안과 동일하게 삼차원 방향으로 자라나 입체적인 인공 장기를 만들 수 있을지도 모른다는 발상으로 이번 실험을 제안했다.

미리 iPS세포를 배양해 만든 간싹(작은 간. 간 발생의 초기 단계)을 인공 혈관에 감은 뒤 작은 실험용 병에 담아 우주로 쏘아 올렸다. 키보에서는 전용 장치에 병을 설치하고 회전시켜서 인공 혈관을 둘러싸듯이 간싹을 입체적으로 융합시킨다. 간싹과 혈관이 연결되면 실험 성공이다.

첫 실험임에도 불구하고 실험 장치와 매뉴얼의 짜임새가 훌륭해서 거의 다니구치 교수의 생각대로 실험을 할 수 있었다. 다행히도 실험은 무사히 진행되어 입체적인 장기 만들기에 한 걸음 다가서겠다는 목표를 달성했다.

JAXA의 담당 엔지니어에 따르면 인간의 장기로 이어지는 세포는 신선도가 생명이므로 보통은 만든 날 바로 사용한다고 한다. 그런데 지상에서 쏘아 올려 국제우주정거장에 도착하기까지 일주일이 걸리기 때문에 보존 기술을 개발하느라 골머리를 앓았다고 한다. 게다가 코로나 사태로 손이 부족해서 미국에서는 세포를 준비할 수 없었다. 결국 일본에서 세포를 준비한 뒤 직접 들고 미국으로 가지고 와서 우주로 발사하느라 이틀이 더 걸렸다.

그럼에도 간싹이 살아 있는 상태로 우주에 도착한 것이다. 다니구치 교수의 말에 의하면 재생의료 현장에서 장기 보존은 단 몇 시간 안에 성패가 결정되므로 일주일 이상이나 보존이 가능하다면 일본에서 만든 인공 장기를 지구상 어느 곳으로든 옮길 수 있게 되는 셈이다. 그야말로 우주 실험이 낳은 또 다른 결실이라며 획기적인 성과에 박수갈채가 쏟아졌다.

키보에는 그 밖에도 아주 높은 기술력을 자랑하는 장치들이 설치되어 있다. 그중 하나가 소형 인공위성을 우주 공간에 배치하는 방출 장치 J-SSOD다.

장치의 원리를 설명하자면 J-SSOD에는 1kg 정도 되는 소형 정육면체 큐브샛^{CubeSat}부터 50kg까지 나가는 초소형 위성을 탑재할 수 있다. 이 장치를 에어록을 통해 선외로 이동시키고 키보에 설치된 로봇 팔을 조작해 잡는다. 기다란 팔을 우주 공간 중 예정된 위치까지 뻗은 다음 위치가 결정되면 J-SSOD 안에 있는 스프링이 움직여 소형 위성을 한 번에 방출한다. 튀어 나간 소형 위성은 대부분 1년에 걸쳐 궤도를 돈다.

이번에 내가 담당한 소형 위성은 모두 여덟 개였고 총 네 번에 걸쳐 방출했다.

그중 첫 번째로 내보낸 위성은 오사카부립대학이 만든 OPUSAT-II으로, 아마추어 무선을 이용한 고속 데이터 통신을 검증한다. 그다음 세 위성은 JAXA와 규슈공업대학 그리고 아시아와 아프리카의 여러 나라가 참여한 국제적인 위성 개발 프로젝트 'BIRDS 프로젝트'의 일환으로 만들어졌다. 규슈공업대학의 Tsuru, 필리핀대학의 Maya-2 그리고 파라과이 우주국의 국가 최초 위성인 GuaraniSat-1으로, 모두 한 변의 길이가 10cm인 큐브샛이다.

다섯 번째 위성은 JAXA와 제휴하는 민간 우주 단체 리맨샛 스페이시스^{Ryman Sat Spaces}의 RSP-01이다. 우주의 모습이 아니라 우주 공간에 떠 있는 자신의 모습을 촬영하는 '셀프카메라' 위성이라는 점에서 화제가 되었다. 여섯 번째 위성은 쓰쿠바대학과 동일한 대학에서 출발한 벤처 기업 워프스페이스^{WARPSPACE}가 공동 개발한 WARP-01이다. 궤도상의 전파 환경과 방사선을 조사해서 이후 대량의 관측 데이터를 지상으로 송신할 수 있는 장치를 만드는 데 활용한다고 한다.

일곱 번째 위성은 텔아비브대학의 TAUSAT-1로, 이스라엘 최초로 오로지 대학생들의 손에 의해 탄생한 위성이다. 이 위성은 인체나 전자 기기에 영향을 주는 우주선宇宙線(매우 강한 에너지를 지니고 우주에서 지구로 날아드는 입자들-옮긴이) 측정 등에 활용한다고 한다. 마지막 여덟 번째 위성은 시즈오카대학과 동 대학에서 설립한 스타스 스페이스 서비스STARS Space Service가 함께 만든 STARS-EC다. 세 위성이 승강기 구조로 이어져 있어 미래의 우주 엘리베이터 연구를 비롯해 우주 쓰레기 제거와 관련된 연구에도 활용한다.

소형 인공위성을 방출하는 사업은 2012년부터 이어져 온 키보의 핵심 사업 중 하나다. 방출할 위성은 나중에 지상에서 무인 화물 우주선으로 운반하기 때문에 발사 기회는 많은 편이다. 2018년부터는 사업 자체를 민간 기업이 맡게 되었고, 앞으로 새로운 우주 비즈니스 창출의 장으로써 더 널리 활용되리라 기대한다.

키보에서 방출되는 초소형 위성 STARS-EC

(시즈오카대학/STARS Space Service 주식회사)의 모습

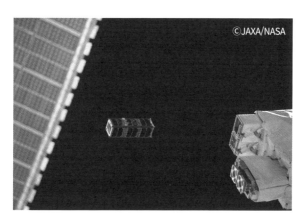

키보를 떠나 우주로 나가는 초소형 위성 TAUSAT-1

(이스라엘 텔아비브대학)

우주에서 전합니다, 당신의 동료로부터

우주에서 바질을 키우다

가끔은 국제우주정거장이 매우 무미건조한 공간으로 느껴질 때가 있다. 무엇보다 녹색을 만날 기회가 전혀 없다. 그래서 우주비행사에게 식물을 키우는 일만큼 신나는 과학 실험은 없다.

2021년 2월 16일, 국제우주정거장의 일본 실험 모듈 키보에서는 일본의 스위트바질 씨앗과 말레이시아의 홀리바질 씨앗을 우주로 보내 궤도상에서 한 달간 재배하는 프로젝트를 시작했다.

나는 실험 첫날 바질 씨앗을 심은 식물 재배 용기를 키보의 실내에 설치했다. 그러고 나서 매일 관찰한 결과를 카메라로 촬영하고 트위터에도 올려서 바질이 자라는 과정을 많은 사람과 함께 지켜보았다. 실험 사흘째에 드디어 싹이 텄다. 21일째에는 바질이 65mm 높이 용기의 천장에 닿을 만큼 커졌고, 마지막 날에는 잎이 정글처럼 무성해졌다.

미국과 러시아의 동료 승무원들은 JAXA가 식물 실험을 한다는 소식을 듣고 신기한 듯이 키보 실험 모듈에 구경하러 오곤 했다. 나는 바질이 성장하는 모습을 보기만 해도 즐거워서 매일 사진을 찍고, 밤에는 카메라를 설치해서 타임랩스라는 촬영 방식으로 영상을 찍기도 했다. 그렇게 여덟 시간짜리 영상을 3분 정도로 압축하듯 찍어보니 바질의 성장이 한눈에 보였다.

국제우주정거장의 생육 환경은 어떨까? 우주선 안은 어디든 기압이 1기압으로 유지되고 환기도 양호하다. 문제는 빛이다. 태양광이 거의 들지 않기 때문에 선내 조명에서 어느 정도 거리를 두어야 할지 늘 신경 썼다. 그리고 또 하나, 식물의 성장에 영향을 줄 만한 요소는 진동이다. 키보 실내에는 다른 실험 설비가 많은 데다 근처에 운동기구도 놓여 있어서 진동을 최대한 피할 수 있는 장소를 찾기가 쉽지 않았다.

지구에서 쏘아 올린 바질은 관리하기 쉬운 투명한 실험 용기에 들어 있었다. 용기는 머그컵 정도 되는 크기이고, 바닥에 깐 유리솜 위에 씨앗을 두고 밀봉해 두었다. 내가 할 일은 수분을 공급하는 것뿐이다. 그 밖에 어떤 부분도 관리하지 않는다면 식물은 우주 공간에서 어떻게 자라날까? 나는 매뉴얼에 따라 충실하게 실험을 진행했다. 그런데 실험을 시작하고 10일째 되는 날, 한 '사건'이 벌어졌다.

곰팡이가 핀 바질

"10일째에 곰팡이가 있는지 없는지 확인해 주세요."

'우주 바질'의 실험 매뉴얼에는 이런 지시 사항이 적혀 있었다. 하지만 곰팡이가 났는지 확인하라고 해도 언뜻 봐서는 "문제없습니다"라고 즉답하게 될 만큼 알아보기가 쉽지 않다.

매뉴얼에는 재확인하도록 좀 더 자세하게 "허브 안에 흰 솜이나 솜사탕 같은 조직이 있습니까?"라고 구체적인 지시가 적혀 있었다. 그래서 용기 안을 자세히 들여다보니 씨앗을 물에 담가두는 유리솜 표면에 흰색의 보송보송한 무언가가 보였다. 설마 하는 생각에 재빨리 지상 관제사에게 상황을 보고했다.

지상에서는 바질에 곰팡이가 생길 가능성을 예상한 듯했다. 아무리 용기 안을 철저하게 살균 처리했다 해도 씨앗 자체를 살균할 수는 없기 때문이다. 지상에서 준비 작업을 할 때 어떤 까닭에서인지 씨앗 표면에 곰팡이 균이 부착되었고 우주에서 실험하며 물을 주자 곰팡이가 피어난 모양이다.

이 실험은 일본의 스위트바질과 말레이시아의 홀리바질이 담긴 용기를 각각 두 개씩 준비해서 총 네 개로 시작했다. 곰팡이가 생기거나 용기가 부서질 경우에 대비해서 예비용으로 샘플을 준비한 것이다.

　실제로 곰팡이가 핀 샘플은 하나뿐이었다. 매뉴얼에는 곰팡이가 생겼을 때 어떻게 대처해야 하는지도 적혀 있었다.

　폐쇄된 공간에서 생활하는 우주비행사들에게 이 곰팡이는 중대한 문제를 내포하고 있었다. 비록 바질에 생긴 작은 곰팡이 균이라고 해도 청결한 선내 공간에 이물질이 침입했다면 사태는 심각해진다.

　우주 실험에는 무엇보다 우선시해야 할 사항이 세 가지 있다. 첫 번째는 우주비행사에게 위해를 가하지 않을 것. 두 번째는 국제우주정거장을 파손하지 않을 것. 세 번째는 과학적 성과를 높일 것. 우주선 안에서 우리가 지켜야 할 우선순위는 이렇게 정해져 있다.

　실험할 때는 우주비행사들의 건강에 해를 끼칠 만한 일은 반드시 피해야 한다. 그래서 매뉴얼에 따라 곰팡이가 발생한 용기를 지퍼가 달린 튼튼한 비닐로 두 번 싸서 균의 포자가 밖으로 나오지 않도록 밀봉했다. 용기 외부로 포자가 새어 나오지 않았음을 확인한 뒤 곰팡이가 발생한 바질은 더 이상 증식하지 않도록 물을 주지 않기로 했다. 그러고 나서 남은 세 샘플로 실험을 이어갔다.

우주에서 전합니다, 당신의 동료로부터

단, 곰팡이가 핀 바질도 피드백을 위해 냉동 보존해 두었다가 지상에 전달했다. 우주 공간에서 곰팡이가 발생하면 어떤 형태로 어떻게 성장하는지, 물을 더 이상 주지 않고 30일간 방치했을 때 어떤 결과가 나오는지 알 수 있는 귀중한 실험 샘플이 되기 때문이다.

©JAXA/NASA

바질 재배 실험에서는 위에서 빛을 비추고 열흘에 한 번씩 물을 주었다.

우주에서 맡은 바질 향기

내가 이번에 키보 실험 모듈에서 진행한 과학 실험에는 앞서 이야기했던 대로 iPS세포를 통해 간의 바탕이 되는 조직을 만들어 혈관과 함께 배양하는 실험, 종이나 아크릴 같은 친숙한 소재를 우주 공간에서 불태우는 실험 등이 있었다. 하나같이 모두 중요한 주제여서 지상의 지시를 빈틈없이 100퍼센트 따라야 하는 실험이었다.

하지만 우주 바질 실험은 일본을 비롯한 아시아 태평양의 열두 개 나라와 지역의 학생들에게 우주 실험의 세계를 알리고 더 많은 관심을 가질 수 있도록 유도하는 '교육 실험'이기도 했기에 다른 과학 실험과는 사정이 조금 달랐다.

30일간 바질이 성장하는 모습을 영상으로 촬영해 올리는 동안 트위터를 지켜본 사람들이 이런저런 질문을 남기기 시작했다.

"바질이 다 자라면 마지막에 먹어보나요?"
"우주 바질은 어떤 향이 날까요?"

우주에서 전합니다, 당신의 동료로부터

지상에 있는 실험 담당자도 점점 호기심이 생기는지, 우주에서 모처럼 식물을 길렀으니 먹지는 못하더라도 뭔가 해보면 좋을 것 같다고 이야기했다. 그래서 연구 팀과 논의한 결과 남은 세 샘플 중 하나만 뚜껑을 열어서 바질의 향을 맡고 관찰해 보아도 좋다는 결론이 나왔다.

　다만 우주 바질은 과학 실험이므로 모든 작업은 매뉴얼에 따라 이루어져야 한다. 작업 과정을 변경하려면 실험 매뉴얼도 변경해야 한다. 그래서 지상에 있는 연구 팀이 매뉴얼의 일부를 수정해서 다시 보내주었다.

　새로운 실험의 절차는 단 두 가지뿐이다.

　① **장갑을 끼고 용기를 열어 표면의 모습과 향을 확인한다.**
　② **관찰 결과를 보고한다.**

　새로운 매뉴얼대로 용기의 뚜껑을 열자 키가 큰 바질의 잎사귀들이 기세 좋게 튀어 나왔다. 그리고 비강을 자극하는 강렬한 향기가 피어올랐다.

　"우와, 향이 정말 근사하다."

　나도 모르게 그런 소리가 나왔다. 무미건조한 실험 모듈이 바질 향으로 뒤덮인 순간이었다.

나는 용기 뚜껑을 열고 바질 향을 맡는 모습을 촬영해서 유튜브에 업로드했다. 그렇게 새로운 실험 절차 ①과 ②를 문제없이 마무리했다.

어디까지나 매뉴얼대로 빈틈없어야 했다. 만약 내 마음대로 실험 용기의 뚜껑을 열었다면 귀중한 샘플을 파손했다고 질책을 당했을지도 모른다. 지상에 있는 연구 팀이 임기응변으로 작성해 준 매뉴얼은 우주에 있는 내게 바질의 향기를 선사한 귀한 선물이었다.

ⓒJAXA/NASA

녹색이 드문 ISS에서 하루하루 성장하는 바질을 보며 위안을 얻었다.

우주에서 전합니다, 당신의 동료로부터

바로 앞에 보이는 일본 실험 모듈 키보와 로봇 팔.
오른쪽에는 이동 중인 크루 드래건 1호가 보인다.

일본 실험 모듈 '키보'는 바로 이곳에!

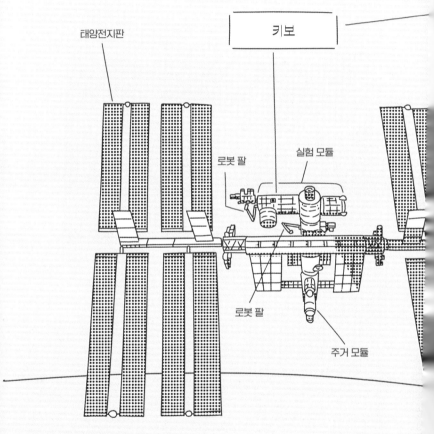

키보

태양전지판

로봇 팔

실험 모듈

로봇 팔

주거 모듈

우주에서 전합니다, 당신의 동료로부터

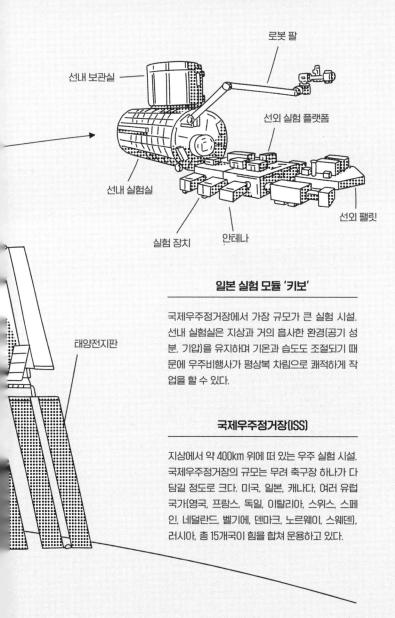

로봇 팔

선내 보관실

선외 실험 플랫폼

선내 실험실

선외 팰릿

실험 장치

안테나

태양전지판

일본 실험 모듈 '키보'

국제우주정거장에서 가장 규모가 큰 실험 시설. 선내 실험실은 지상과 거의 흡사한 환경(공기 성분, 기압)을 유지하며 기온과 습도도 조절되기 때문에 우주비행사가 평상복 차림으로 쾌적하게 작업을 할 수 있다.

국제우주정거장(ISS)

지상에서 약 400km 위에 떠 있는 우주 실험 시설. 국제우주정거장의 규모는 무려 축구장 하나가 다 담길 정도로 크다. 미국, 일본, 캐나다, 여러 유럽 국가(영국, 프랑스, 독일, 이탈리아, 스위스, 스페인, 네덜란드, 벨기에, 덴마크, 노르웨이, 스웨덴), 러시아, 총 15개국이 힘을 합쳐 운용하고 있다.

우주비행사도
중력이 그립다

우주에서 좌선을 해보았다.

위-데이 신드롬이
무서운 이유

대립의 징조를 놓치지 말자

내가 생활하는 미국에서는 '위-데이 신드롬We-They Syndrome'이라는 말을 자주 듣는다. 조직 안에서 대화를 나눌 때 유독 'We(우리)'와 'They(그들)'라는 두 단어가 자주 나오고 사람들이 점차 대립 구도에 서서 말을 하면 곧 조직이 붕괴할지도 모르는 징조라고 경종을 울리는 말이다. 이 말은 국제우주정거장에 머무는 승무원들에게도 그대로 적용된다.

예를 들면 승무원이 바쁜 일정에 쫓기고 있을 때, 지상 관제사가 하필이면 다른 작업을 지시해서 잠시 옥신각신할 때가 있다. 타이밍이 좋지 않았던 탓에 승무원들은 감정이 상한 나머지 '지시를 내린 관제사는 비행사들이 얼마나 고생하는지 아무것도 몰라', '이쪽 현장을 제대로 이해 못 하고 있군' 하고 불만을 느끼고, 무심코 우리와 그들이 대립하는 형태로 말을 하게 된다. 아주 위험한 상황이다.

상황을 좀 더 구체적으로 살펴보자. 지상 관제 센터에서 갑자기 이런 지시가 내려왔다고 가정해 보면 어떨까?

"ISS 3번 밸브의 상태가 이상하다. 지금 바로 2번 밸브로 전환하고자 하니 먼저 3번 밸브를 잠가주기를 바란다."

그런데 하필이면 그곳이 손을 대기가 아주 어려운 부분이라면? 밸브가 들어 있는 벽면 창고 앞을 정리해야 하는데, 창고 앞은 대부분 임시로 쌓아둔 물건들로 가득하다. 물건을 전부 정리하고 나서 벽면 패널에 달린 나사를 모두 풀어 창고를 연 다음, 손전등을 비춰가며 안으로 들어가야 겨우 밸브에 도달한다. 다 해서 30분은 걸릴 만한 작업이라면, 다른 작업에 쫓기고 있는 우주비행사에게서 '저쪽은 아무것도 모른다'는 불평이 나와도 이상하지 않다.

지상에 있는 동료들과의 관계가 악화되지 않게 하려면 우선 첫 번째 신호를 놓치지 말아야 한다. 우주비행사들의 마음속에 '그들은 아무것도 모른다'는 반감을 싹트게 하고, 지상동료들의 마음속에 '비행사들은 모두 제멋대로'라는 불만을 만들어 내는 아주 사소한 계기 말이다. 하지만 땅에서 멀리 떨어진 국제우주정거장에서 완전히 분리된 상태로 일하다 보니 서로가 그런 조짐을 눈치채기란 쉽지가 않다.

만약 첫 번째 신호를 놓쳐 작은 오해와 엇갈림이 늘어나고 우주비행사들 사이에서 지상의 동료들에 대한 불만이 강해지면, 우리가 옳고 그들은 그르다는 불신이 점점 자라다가 결국 악순환에 빠져버린다. 그러므로 이에 대처할 방법을 생각해야 한다.

악순환은 '타임아웃'으로 끊어낸다

우리는 이런 사태를 방지하기 위해 '타임아웃'을 이용한다. 스포츠 경기 중간에 '작전 타임'을 갖는 것과 같다. 시합에서 상대 팀에 점수를 빼앗겨 점수 차가 점점 벌어지기 시작하면 반드시 타임아웃으로 나쁜 흐름을 끊어야 한다.

나도 어릴 적에는 친구들과 운동할 때 "잠깐 타임!" 하고 외쳐서 시합의 흐름을 바꾸곤 했다. 예를 들어 야구를 하다가 만루 위기가 찾아오면 타임아웃을 외치고 잠시 쉬는 시간을 가진다.

인간관계 또한 시합과 마찬가지로 나쁜 흐름을 끊고 싶을 때 타임아웃을 활용하는 것이 도움이 된다. 일단 흐름을 한 번 끊고 자신을 객관적으로 바라보거나 다른 사람에게 조언을 받아도 좋다. 그러다 보면 많은 경우 정신을 차리고 자신의 상태를 깨닫게 된다. 이때 중요한 점은 솔직하게 의견을 나눌 수 있는 환경을 마련해 두는 것이다.

야구 경기에서는 감독과 같이 정해진 사람만 타임아웃을 요구할 수 있지만, 우주비행사들 사이에서는 누구든 타임아웃을 외칠 수 있다. 의문이 생기면 일단 멈추고 다 함께 모여 서로의 생각을 확인하는 과정이 무엇보다 중요하기 때문이다.

재택근무가 활발해진 지금은 꽉 막힌 공간에서 혼자 일하는 사람이 눈에 띄게 많아졌다. 이런 상황에서 악순환에 빠져 버리면, 불면증을 비롯해 다양한 몸과 마음의 증상을 앓게 될지도 모른다.

재택근무를 시작한 첫날 갑자기 불면증을 얻는 것이 아니라, 하루하루 일하다 보면 나도 모르는 사이에 증상의 원인들이 서서히 쌓이기 시작한다. 증상을 불러일으키는 원인이란 동료의 무심한 한마디일 수도, 상사의 흐리멍덩한 지시일 수도, 열심히 노력했으나 제대로 평가받지 못하는 상황일 수도 있다. 그런 불합리한 현실에 대한 불만과 한탄이 차곡차곡 쌓여 결국 갈 곳을 잃고 자신의 몸과 마음을 괴롭히는 게 아닐까.

어떤 사람은 우울이 깊어져 불면증 같은 증상을 보이는가 하면, 어떤 사람은 불만을 미처 참지 못하고 상대에게 분노를 몽땅 터트리기도 한다.

이런 불행한 '출구'에 다다르기 전에 초기 단계에서 증상의 싹을 잘라두어야 한다. 혼자서 상황을 객관적으로 파악하고 빠져나올 수 있는 경우도 있겠지만, 대부분은 혼자서 탈출하기가 쉽지 않다. 그러므로 많은 사람이 멀리 떨어져 일하는 원격근무의 시대에는 다른 사람의 도움이 무엇보다 중요하다.

앞으로 살펴보겠지만 원격근무가 기본 상태인 우주비행사의 세계에는 이러한 지원 시스템이 체계적으로 마련되어 있다. 지상에서도 참고하면 도움이 될 듯하다.

우주비행사를
돕는 사람들

우주와 지상을 잇는 다리, 캡콤

지구에서 멀리 떨어져 생활하는 우주비행사들을 위해 지상에서는 체계적인 지원 시스템을 갖추고 있다. 그중 하나가 지상의 관제 센터다. 일본의 이바라키현 쓰쿠바시에 위치한 JAXA의 쓰쿠바우주센터 건물 안에 관제실이 있고, 많을 때는 관제사가 40명 정도 모여 일을 한다. NASA와 연계하며 국제 우주정거장에 지시를 내리는 일본의 거점이다.

나의 주요 임무는 일본의 실험 모듈 키보와 관련된 일들이

우주에서 전합니다, 당신의 동료로부터

어서 비록 몸은 멀리 떨어져 있지만 키보를 운영하는 JAXA의 관제 센터와 온라인을 통해 늘 한 몸처럼 함께했다.

관제 센터를 총괄하는 사람을 플라이트 디렉터^{flight director}, 즉 비행 감독이라고 부른다. 일반 기업에서 말하는 관리직과 같은 역할이다. 우주선의 사령관과 일대일로 직접 의견을 나누는 지상의 책임자다. 여기에 로켓과 선내 실험 등을 맡는 담당자들이 합세해 하나의 팀을 이룬다.

잘 알려지지 않은 사실이지만, 우주비행사가 지상과 소통할 때 무엇보다 중요한 역할을 하는 이들이 바로 캡콤^{CAPCOM}이라 불리는 관제사다.

정식 명칭은 캡슐 커뮤니케이터^{capsule communicator}다. 캡슐형 우주선과 교신하던 시절에서 비롯된 직함이다. 우주비행사와 직접 대화할 수 있는 사람은 예상과 달리 플라이트 디렉터가 아니라 바로 캡콤이다.

캡콤의 역할을 한마디로 표현하자면, 관제실에서 상의한 내용을 잘 정리해서 우주에 있는 승무원들에게 간결하고도 이해하기 쉽게 지시하는 것. 그것이 전부다.

과거에는 항상 우주비행사들이 캡콤 자리에 앉았다. 국제우주정거장 내부의 상황을 모르면 지시를 정확하고 꼼꼼하게 전달할 수 없기 때문이다. 캡콤에게 우주 비행 경험이 있으면 말로는 미처 다 전할 수 없는 우주선의 상황을 잘 헤아려 관제 센터에 설명하는 대변자가 되어준다.

나도 캡콤으로 일해본 적이 있기에 우주비행사와 관제사 사이에서 이리저리 갈등하는 괴로움을 아주 잘 안다.

지금은 국제우주정거장을 24시간 운용하기 때문에 우주비행사 경험이 있는 사람만으로는 손이 부족해서 캡콤의 절반 이상은 엔지니어가 맡는다. 다만 훈련을 담당했던 사람이 대부분이어서 승무원들과 이미 속속들이 아는 사이이기에 마음이 놓인다. 역시 우주비행사의 상태를 확실히 파악하고 있는 사람이 아니면 캡콤으로 일하기는 어렵다.

캡콤의 중요성은 날이 갈수록 커지고 있다. 관제실에는 아무래도 시스템을 다루는 엔지니어가 많다 보니 무심코 복잡하고 난해한 지시를 내리고 싶어지기 때문이다.

앞서 살펴보았던 예시를 다시 떠올려 보자. 국제우주정거장의 시스템을 관리하는 엔지니어가 우주비행사에게 이렇게 말을 하면 어떨까?

"지금 ISS 3번 밸브의 상태가 이상하다. 지금 바로 2번 밸브로 전환하고자 하니 먼저 3번 밸브를 잠그고, 이쪽에서 상태를 확인한 다음 2번 밸브를 열어주기를 바란다."

이렇게 줄줄이 말을 늘어놓으면 비행사들은 혼란스러워진다. 우주비행사가 알고자 하는 지시 내용은 '먼저 3번을 잠그고', '잠시 기다렸다가', '괜찮다는 신호를 주면 2번을 열어라' 뿐이다. 이것만으로도 충분하다.

각기 다른 두 입장 사이에서 다리 역할을 한다는 것은 정말 고된 일이다. 무엇보다 힘겨운 상황은 단어 전달하기 게임처럼 중간에 있는 사람이 잘못된 정보를 전하는 경우다. 나와 지상에 있는 동료들 사이에 우리의 상황을 전혀 모르는 전화 교환원이 끼어 있다면 어떨까?

내가 "선외 활동 중 장갑에 큰 문제가 생겼다"라고 말했는데, 상황을 전혀 모르는 교환원이 '큰 문제'라는 말에 사로잡혀 내용을 잘못 이해한 나머지 "장갑을 잃어버려서 큰 문제가 생겼다고 합니다"라고 잘못된 정보를 관제사에게 전할 수도 있다. 이래서는 의사소통이 제대로 이루어지지 않는다.

징검다리 역할을 하는 사람은 자신의 존재를 최대한 투명하게 유지한 채 두 당사자의 말을 정확하게 전해야 한다는 어려움을 안고 있다.

캡콤에게 필요한 대처 능력

아무리 경험이 풍부한 캡콤이라도 골머리를 앓을 때가 있다. 바로 1장에서 소개한 '스페이스 아바타'처럼 처음 시도하는 프로젝트가 있을 때다.

'아바타'는 지상의 원격 조종에 따라 움직이는 로봇인데, 당시 지상에서 명령하고 실제로 로봇이 작동하기까지 20초 정도 시간이 걸렸다. 예상치 못하게 통신 지연이 제법 길게 발생해서 지상에서는 실망감을 감추지 못했을 것이다. 나는 국제우주정거장에서 줄곧 로봇 관리와 지원을 맡았는데, 다음 작업에 들어가도 될 상황임에도 지시가 오지 않아 당황스러울 때가 있었다.

캡콤은 이런 상황에 대비해 실험 매뉴얼을 꼼꼼하게 정리해서 머릿속에 모두 담아두어야 한다. 그렇게 해두면 예상되는 상황을 머릿속에 그리며 비행사에게 "노구치 씨, 방금 대처한 방식은 아주 좋았어요"라든지 "지상에서 약간 문제가 있으니 조금만 기다려 주세요" 하고 적당한 리듬으로 공백을 메꾸어 마음을 편안하게 해줄 수 있다.

그리고 초조해하는 엔지니어에게도 "이 정도 지연은 항상 있는 일입니다. 여러분이 만든 기계에 문제가 있는 것도 아니고 비행사가 잘못하고 있는 것도 아니니 안심하세요" 하고 마음을 가라앉혀 줄 수 있다.

시스템을 개발하고 운용하는 엔지니어는 자칫 이런 의사소통 과정을 건너뛰고 '국제우주정거장과 직접 이야기하면 알 것'이라고 생각하기 쉽다. 마음은 충분히 이해할 수 있다.

하지만 그래서는 우주와 지구처럼 멀리 떨어져 일하는 환경에서 소통이 올바르게 이루어지지 않는다. 캡콤의 역할은 일방적으로 지상의 지령을 전달하면 되는 일이 아니다. 마치 상담이라도 하듯이 상대방의 말에 귀 기울이면서 섬세하게 대응하는 능력이 필요하다.

예를 들어 지상에서 "3번 밸브를 잠가주세요"라고 지시했을 때 우주비행사가 "할 수는 있지만 이유가 뭐죠? 시간이 좀 걸려요"라고 답했다고 해보자. 우주비행사는 교신할 때 용건만 전하는 버릇이 있기 때문에 가끔 이유를 설명하지 않을 때가 있다. 비행사의 말에서 슬쩍 지시 내용을 거절하려는 뉘앙스가 느껴졌다고 가정해 보자. 실력이 뛰어난 캡콤이라면 그 순간 우주비행사가 처한 상황을 바로 떠올릴 것이다.

사실 지상에는 자동 조종으로 다양한 작업을 처리하는 시스템이 있다. 어쩌면 우주비행사가 정말 하고 싶었던 말은 지금 다들 손이 바쁘니 지상에서 처리해 줬으면 좋겠다는 뜻이었을지도 모른다.

혹은 3번 밸브가 손을 대기 힘든 장소에 있으니 말 그대로 정말 시간이 좀 걸린다고 표현한 것뿐일지도 모른다. 아니, 어쩌면 지시 내용을 이해하지 못해 당황한 반응이었을지도 모른다. 우주비행사라 해도 실제로 3번 밸브가 어디에 있는지 바로 번쩍 떠오르지 않을 때가 있기 때문이다.

만약 손대기 힘든 장소에 3번 밸브가 있다는 사실을 알아차렸다면 캡콤은 "알겠습니다. 그럼 잠시 다른 방법을 찾아볼게요." 하고 바로 다음 대응을 고민해야 한다. 그러면 일이 매끄럽게 풀린다.

아니면 마침 국제우주정거장 승무원들의 점심시간이 시작되었고, 기다리던 점심시간에 갑자기 작업을 지시하니 승무원들이 언짢게 느낀 상황이라면 어떨까?

그럴 때 노련한 캡콤이라면 "힘든 건 알지만 지금 해두지 않으면 나중에 번거로워질 거예요. 점심시간이 날아가겠지만 해주겠어요?"라고 시원시원하게 말하거나, "미안해요. 내키지 않겠지만 내 얼굴을 봐서 바로 좀 해줬으면 좋겠어요. 죄송해요" 하며 때로는 악역을 자처하기도 한다.

상대방의 표정을 확인하기 힘든 원격근무 환경에서는 사람들 사이에서 생기는 작은 오해가 위-데이 신드롬을 일으키기 쉽다. 언젠가 우주가 아닌 지상의 다양한 조직에서도 의사소통을 돕는 캡콤 같은 존재가 필요해지는 날이 올지도 모른다.

지상에서 활약하는 가족 지원 팀

우주비행사를 돕는 지원 시스템에는 관제사 외에도 다양한 동료들이 있다. 그중에서도 지상에 남은 우주비행사의 가족을 지원하는 이들이 있는데, 그들의 존재는 비행사들에게 특히 더 큰 위안이 된다. 가족 지원 팀은 우주비행사의 가족과 정기적으로 만나 문제가 없는지 살피고 우주비행사가 친구와 교신할 수 있도록 돕기도 한다.

승무원들이 우주선 안에서 고된 작업에 쫓기는 동안 지구에 있는 집이 커다란 재해에 휘말리는 경우도 있다. NASA의 거점이 있는 미국의 도시 휴스턴은 자주 허리케인에 휩쓸린다. 국제우주정거장에서 일하고 있는데 휴스턴에 큰 홍수가 났다는 이야기를 들으면 마음이 뒤숭숭해질 수밖에 없다.

그럴 때는 가족 지원 팀이 폭풍을 뚫고 집을 방문해 가족의 안전을 확인해 준다. 그 결과 아무 문제 없다고 지상에서 연락이 오면 승무원은 마음 편히 임무에 전념할 수 있다.

실제로 몇 년 전 우주비행사가 임무로 집을 비운 사이 허리케인으로 자택이 침수된 경우가 있었다. 피해를 입은 우주비행사는 미혼이었다. 실내에 아무도 없는 상태였기에 지원 팀이 문을 열고 들어가 짐을 모두 꺼내 옮기고 침수로 수리가 필요한 부분도 모두 복구해 주었다.

원래라면 스스로 해야 하는 일이지만, 우주에 체류 중인 승무원이 유급 휴가를 내고 집을 청소하러 갈 수는 없다. 무심코 놓치기 쉬운 일이지만, 이렇게 업무 이외의 부분까지 지원하는 시스템이 있기에 우주비행사가 마음 놓고 우주에서 일할 수 있다.

늘 함께하는 주치의, 플라이트 서전

가장 가까운 곳에서 우주비행사를 지원하는 사람이 있다. 바로 플라이트 서전flight surgeon, 즉 항공우주 전문의라고 불리는 JAXA 소속의 의사들이다. 그들은 우주비행사 한 명 한 명의 전담 의사가 되어 건강 상태를 살핀다. 플라이트 서전은 관제사 팀의 한 축을 담당하는 전문가이지만, 그보다는 우주비행사의 주치의로서 함께 움직일 때가 많다.

그들은 훈련 단계부터 발사의 순간 그리고 우주에서 머무는 기간까지 오랜 시간에 걸쳐 우주비행사와 함께한다. 그래야만 혹독한 훈련 및 우주 체류 중 상처를 입거나 건강에 이상이 생겼을 때 바로 대응할 수 있기 때문이다.

우주에 나오기 전 지상에서 하는 훈련으로는 1장에서 소개했듯이 커다란 수영장에서 실시하는 선외 임무 훈련을 비롯해 발사와 귀환 시 대기권에 진입할 때 가해지는 엄청난 중력을 견뎌내는 훈련 그리고 다양한 위험을 동반한 생존 훈련이 많다. 그렇기 때문에 플라이트 서전이 함께 참석해 훈련을 지켜본다.

우주선을 발사하기 1년 전부터는 플라이트 서전에게 정기적으로 다양한 검사와 진찰을 받고 건강을 주의 깊게 관리하기 시작한다. 발사 직전이 되면 격리 조치에 들어가 전용 숙소에서 외부와의 접촉을 제한한 채 승무원들이 감염병에 노출되지 않도록 대비한다.

우주에 머무는 동안에는 국제우주정거장에 준비된 채혈, 채뇨 키트와 심전도, 혈압계, 초음파 검사 기기 등으로 상태를 측정하고 데이터를 지상으로 보내서 우주비행사의 건강을 지속적으로 관리한다.

최근에는 컴퓨터나 스마트폰을 이용한 온라인 진료가 일상생활에도 도입되었지만, 우주비행사의 세계에서는 오래전부터 당연한 듯이 사용해 온 방식이다.

이처럼 플라이트 서전을 포함한 지상의 의료 팀은 의학 검사와 건강 진단 결과에 대응하며 우주비행사의 몸에 이상이 발생하지 않도록 꼼꼼히 관찰한다.

사실 플라이트 서전에게는 숙명이라 할 수 있는 역할이 하나 더 있다.

우주비행사는 우주로 나가기 위해 다양한 의학 기준을 통과해야만 한다. 하지만 나이가 들면 기저질환이 생기거나 시력이 떨어지기도 한다. 기준을 통과하지 못하면 결국 우주비행사 자리에서 물러나거나 지상에서 근무할 수밖에 없다.

의학 기준을 통과할지 못 할지 판단할 권한을 가진 사람이 바로 플라이트 서전이다. 다시 말해 우주비행사의 곁에서 건강 상태를 면밀하게 살피면서, 결과적으로 비행사의 은퇴를 결정하는 입장이기도 한 것이다.

물론 의도적으로 은퇴 판단을 하는 의사는 없다. 문제없이 우주로 날아갈 수 있도록 돕는 것이 그들의 목적이다. 다만, 진단한 결과 위험하다는 생각이 들면 언제든 은퇴로 이끌 힘이 있다는 사실을 그들은 충분히 알고 있다.

따라서 플라이트 서전과 우주비행사는 아주 가까운 친구이면서도, 어떤 의미에서는 긴장 관계에 놓인 사이다.

정신건강을 위한 지원

일본에서는 오래전부터 대기업을 비롯한 다양한 기업에서 근로자를 위해 전문 산업의를 배치하고 있다. 우주비행사의 세계에 대입해 보면 플라이트 서전이 바로 산업의의 역할을 하는데, 그들은 오로지 신체적인 기능만 살핀다.

JAXA에는 이와 별개로 정신건강의학과 의사를 중심으로 하여 정신 심리 지원을 담당하는 팀이 있다. 정신건강의학과 의사는 이제 막 임명된 우주비행사와 면담을 진행해서 앞으로 시작될 훈련을 버틸 수 있을지 가려내는 중요한 역할을 맡는다.

그 후 지상에서 훈련하는 중이나 우주 체류 중에도 상담을 실시하고 지상에 남은 가족의 다양한 고민을 들어주기도 하며, 우주비행사가 느끼기 쉬운 정신적인 불안을 없애는 데 많은 도움을 준다.

다만 정신 심리 지원을 맡는 의사는 플라이트 서전과 달리 승무원들과 항상 붙어 있지 않는다. 지상 훈련 때는 몇 차례 직접 얼굴을 보고 상담하지만, 우주선에 있는 동안은 온라인 시스템을 통해 면담을 가진다.

온라인 면담은 평범한 대화 속에서 정신적 스트레스나 마음의 고민을 찾아내려는 시도이지만, 멀리 떨어진 원격근무 환경에서 정신적인 면을 들여다보기란 신체적인 검사보다 훨씬 더 쉽지 않아 보인다.

앞으로 온라인 환경에서 상담하는 기술의 수준을 더욱 높일 수 있다면 스트레스에 노출되기 쉬운 우주비행사뿐만 아니라 다양한 정신적 불안에 시달리는 현대인에게 커다란 마음의 버팀목이 되리라 생각한다.

불안과 완벽주의에서
벗어나기

완벽주의의 위험성

사람은 예상치 못한 사태를 맞닥뜨리면 "어떡하지, 어떡하지"하며 공황 상태에 빠지기도 한다. 얼마나 깊은 두려움과 불안을 느끼느냐는 사람마다 다르다.

우주비행사가 폐쇄된 공간에서 공황 상태에 빠진다면 역시 많은 문제가 생긴다. 따라서 어느 정도 낙천적인 성향이 필요하다는 것은 어찌할 수 없는 사실인 듯하다. 나도 이제 우주비행사 후보생을 고르는 입장이 되었는데, 그런 관점에서 보면

우주에서 전합니다, 당신의 동료로부터

잠재력이 큰 사람보다는 궁지에 몰리더라도 어떻게든 해낼 줄 아는 사람을 선택할지도 모르겠다.

예를 들어 100점 만점짜리 능력 테스트를 실시했다고 해 보자. 90점을 받은 사람은 70점을 받은 사람보다 분명 더 큰 능력을 가졌을 것이다. 하지만 90점을 받은 사람이 '어째서 10점을 더 받지 못했지?' 하고 자책하며 후회하는 성격이라면 스트레스 요소가 많은 환경에서 쉽게 무너질지도 모른다.

한 가지 분명한 점은 우주 환경에서 '완벽주의'가 위험하다는 사실이다. 내가 우주비행사로 임명된 지 얼마 되지 않았을 무렵, 선배였던 미국인 우주비행사가 이런 말을 했다.

"Better is the enemy of good."

"더 나음은 좋음의 적이다"라고 번역할 수 있겠다. 요컨대 완벽주의를 추구하는 사람에게는 함정이 있다는 뜻이다.

우주비행사의 세계는 수많은 경쟁을 이겨낸 사람들이 모인 곳이다. 미국은 학력을 그리 중시하지 않는다고는 하지만, 어찌 됐든 경쟁 사회에서 살아남은 사람들이 우주비행사가 된다. 뛰어난 조종 기술을 갖춘 테스트 파일럿(시험 비행 조종사)

이나 MIT(매사추세츠 공과대학) 박사 같은 사람이 수두룩하다. 완벽주의 성향을 띤 집단이 되기 쉽다는 뜻이다.

그래서 90점을 딴 후보생이 '10점 더 받아야 해', '더 잘해야 해'라는 생각에 쉽게 빠진다. 그렇게 자신을 몰아붙이고 스트레스를 주고 만다.

반면 "70점이 합격점이면 됐지", "아무튼 잘했어"라고 말할 수 있는 사람은 강하다. 지나간 일에 얽매이지 않고 쉽게 털어내는 대범함이 무엇보다 중요하기 때문이다. 과거를 질질 끌고 가기보다는 '내일은 70점 이상 받으면 되지!'라고 새롭게 마음먹을 줄 아는 사람이 훨씬 더 잘 견뎌낸다.

루틴으로 기분을 전환하기

낙천적인 성격을 타고난 사람이라면 문제가 없다. 하지만 타고나지 않았더라도 긍정적인 성격을 만드는 방법이 아예 없는 것은 아니다.

나는 고집이 제법 세고 고지식해서 완벽주의에 가까운 성향이었다. 하지만 우주비행사로 임명되고 얼마 지나지 않아 선배에게 "Better is the enemy of good"이라는 말을 듣고, 너무나 우수한 동료들에게 둘러싸인 것을 깨닫고 나자 이곳에서는 그리 쉽게 정상을 차지할 수 없다는 사실을 비교적 빨리 받아들일 수 있었다.

우주비행사가 되는 것은 마치 마라톤 같은 일이다. 처음부터 1등일 필요는 없다. 멀리 내다보아도 100점을 받는 사람이 가장 빨리 우주에 간다는 법은 없다. 우주에 가면 혹독한 환경을 극복해 나갈 수 있는 정신력이 더 큰 위력을 발휘하므로 지금부터 조급해하지 않아도 된다. 그렇게 생각할 수 있게 된 것도 낙천적인 성향을 기른 덕분인지도 모른다.

우주가 아닌 사회에서도 마찬가지다. 경쟁 사회에서 끈질기게 살아남으며 줄곧 100점만 맞아본 사람이 어쩌다 70점을 맞으면, 아무리 옆에서 70점이어도 괜찮다고 말해도 쉽게 생각을 바꾸지 못한다. 그런 사람에게는 루틴을 만들어 두라고 조언하고 싶다. 루틴을 만들면 강제로라도 마음을 처음 상태로 되돌리는 계기가 되기 때문이다.

이를테면, 지금 하는 일이 완벽하지 않아서 70점짜리 평가를 받았다고 해보자. 30점을 잃었다고 계속 슬퍼하기만 하면

자유 시간에는 취미인 피아노를 연주하며 기분 전환을 한다. 유튜브로
<고향ふるさと>, <노 사이드No Side>, <이별의 곡> 등을 지구에 보냈다.

나쁜 감정만 질질 끌게 될 뿐이다. 그러지 말고 일단 퇴근 시
간이 되면 "자, 오늘은 끝" 하고 마무리 지어보자.

그러고 나서 훌쩍 술을 마시러 가도 좋고, 빨리 회사를 벗
어나서 운동을 하러 가도 좋다. 밤에 하는 야구 경기를 보거나
노래방에 들렀다 가도 좋다. 취미인 피아노 연주로 기분 전환
을 해도 좋다. 요컨대, 강제로 기분을 리셋하는 루틴을 만들어
둔다는 것이다.

오늘은 70점을 받았지만 그건 그거고, 내일 다시 새롭게 도

전하면 된다. 〈Tomorrow is another day〉라는 노래처럼 누구에게나 반드시 또 다른 내일이 찾아오기 마련이다. 그러니 오늘이라는 날을 내일로 미루지 않는 방법이 우리에게는 필요하다.

무중력 공간에서
명상을 한다면

무한 공간에서 안정 추구하기

나는 지금까지 세 번의 우주 비행을 경험하면서 늘 자신에게 이런 질문을 던졌다.

"나는 왜 우주로 떠나는가."

일종의 철학적 질문이라 할 수 있는 이 의문을 떠올리게 된 배경에는 스승이라 부를 수 있는 세 명의 존재가 있다.

첫 번째는 고인이 되신 저널리스트 다치바나 다카시立花隆다. 고등학생이었던 나를 우주비행사의 세계로 이끌어 주었던 책《우주로부터의 귀환》(1983)을 시작으로 다치바나 씨는 우주비행사의 강렬한 우주 체험이 인간의 내면세계에 어떤 영향을 주는지 줄곧 탐구해 왔다. 내가 우주에서 돌아온 뒤 기쁘게도 직접 만나 이야기를 나눌 기회가 여러 번 있었는데, 삶과 죽음의 경계선을 찾으려는 그의 진지한 자세에 깊은 감명을 받았다.

또 한 명은 선배 우주비행사인 모리 마모루毛利衛다. 지구 환경과 생명의 모습을 깊이 고찰하고《우주로부터 배우다宇宙から学ぶ》(2011)라는 책을 집필했다.

세 번째 스승은 교토 기즈가와시에 있는 공익 재단 법인 국제고등연구소의 연구원이었으며 교토대학 명예교수인 기노시타 도미오木下冨雄다. 앞으로 이야기할 '우주에서 찾는 심신의 안정'에 대한 연구를 지도해 준 스승이다.

2005년 내가 첫 번째 우주 비행을 마쳤을 때부터 JAXA에서는 국제고등연구소와 함께 철학, 심리학, 종교학 같은 인문·사회과학의 관점을 접목해 '인간과 우주'를 연구했다. 그 중 "인간은 어떻게 우주에서 안정을 찾는가?"라는 주제가 연구 과제로 떠올랐다.

땅 위에서는 몸과 마음의 안정이 중력의 영향을 크게 받는다. 좌선할 때 취하는 자세를 한번 떠올려 보자. 사람이 가만히 앉아 정신을 집중하는 모습은 삼각형에 가까운데, 두 발을 구부려 양쪽 다리 위에 포개어 앉을 때 생기는 밑변의 중심에서 위로 곧게 뻗어 올라가면 머리가 있다.

즉, 머리에서 엉덩이에 이르는 몸의 축이 다리를 포개고 앉은 지면과 직각을 이루기 때문에 중력이 작용하는 방향과 일치한다. 그러면 몸은 안정된 상태가 되고 이와 함께 마음도 편안해지므로 심신의 안정으로 이어진다.

그렇다면 중력이 지구와 같이 작용하지 않는 우주의 무중력 공간에서는 어떨까? 나는 2009년부터 2010년에 걸친 두 번째 우주 비행 당시 국제우주정거장의 실험 모듈 키보 안에서 좌선하며 눈을 감고 명상하는 실험을 했다.

먼저 자세를 잡는 것 자체가 매우 힘들었다. 우리가 발을 양쪽 다리에 포개어 안정된 밑변을 만들 수 있는 이유는 땅 위에서 중력이 양발을 아래로 꾹 당겨 고정시키기 때문인데, 무중력 상태에서는 그런 힘이 작용하지 않으니 도무지 다리를 포개어 앉을 수가 없었다. 팔로 다리를 누르지 않으면 양발이 움직이고 만다.

겨우 좌선하는 자세를 잡자 삼각형 모양을 띤 몸이 붕 떠올랐다. 그때 눈을 감고 있던 나는 내 몸의 축이 곧게 고정된 느낌에 잠시 안정감을 맛보았다. 그와 동시에 땅 위에서 날아오른 상태를 머릿속에 떠올렸다. 머지않아 몸이 발부터 추락하리라는 생각에 어떻게 착지하면 좋을지 생각하느라 앉은 다리쪽으로 마음이 쏠렸다.

하지만 붕 뜬 몸에는 중력이 작용하지 않는다. 몸은 곧 오른쪽으로 비스듬히 떠다니기 시작했다. 눈을 감아 방향 감각을 상실하자 몸이 어느 방향을 향하고 있는지 알 수 없어 불안해졌다. 바로 그때였다.

"아차!"

나는 머리부터 지면으로 내던져진 듯한 느낌을 받았다. 거꾸로 뒤집힌 상태로 땅으로 추락했다는 생각에 나도 모르게 손으로 머리를 감싼 것이다.

실제로는 부유하던 몸이 머리 오른쪽부터 벽을 향해 천천히 다가가다가 살짝 부딪힌 것뿐이었다. 하지만 마음속으로는 '목이 부러진 거 아니야?' 하는 두려움을 느꼈다.

우주 공간에서는 몸의 축이 고정되어 안정된 상태가 되더라도 땅 위와는 사정이 다르므로 결코 내면의 평화에는 도움이 되지 않는다는 사실을 엿볼 수 있었다.

지구에서도 바깥세상의 소음을 완전히 차단하고 홀로 집안에 틀어박혀 있으면 익숙한 공간이니 몸은 확실히 편안할지도 모른다. 하지만 마음은 이리저리 흔들린다. 아마 눈을 감고 우주 공간을 떠다닐 때 느껴지는 불안과 비슷하지 않을까?

마음의 안정이란 결국 몸의 문제보다는 다른 사람과 연결되어 있다는 마음과 관련이 있을지도 모른다. 반대로 불편한 사람과의 관계를 끊어내는 것이 마음의 안정으로 이어지는 지름길일 때도 있다. 어느 쪽이든 이 물음에는 고민이 끊이지 않는다.

마인드풀니스란 충만해지는 과정

미국에서 크게 주목받고 있는 '마인드풀니스mindfulness'라는 방법이 있다. 명상 등을 통해 뇌를 스트레스에서 해방시키고 집중력을 높여 다양한 활동에서 더 큰 성과를 낼 수 있게 하는 것이다. 비즈니스와 의료 현장에서 마인드풀니스가 화제가 되면서 사원 연수 프로그램에 명상을 도입하는 기업도 나오고 있다.

이런 설명을 들으면 마인드풀니스란 '잡념을 떨치는 행위', '마음을 비우는 행위'라고 받아들이기 쉽다.

하지만 영어인 마인드풀니스를 '잡념을 떨치다'라는 뜻으로 이해하면 마음에 크게 와닿지 않는다. 왜냐하면 마인드^{mind}가 풀^{full}인 상태가 된다면 머릿속은 잡념으로 가득할 것처럼 생각되기 때문이다.

아마도 마인드풀니스란 마음이 충만하고 평온한 상태가 되는 것을 가리키는 말에 가깝지 않을까.

예전에 절에서 좌선을 한 적이 있다. 눈을 감고 잡념을 없애려 했는데 '이따 몇 시 전철을 타야 하더라?', '돌아오는 월요일에 귀찮은 회의가 있지' 같은 쓸데없는 생각이 자꾸 떠올라서 좀처럼 잡생각이 사라지지 않았다. "집중, 집중!" 하고 되뇌는 동안에는 사실 아무것도 나아지지 않는다. 그런 말 자체가 잡념이기 때문이다.

그러나 마음을 자욱하게 뒤덮고 있던 잡념의 먹구름을 한 줄기 바람이 휙 훑고 지나가듯 문득 잡념에서 벗어나는 순간이 찾아온다.

그때, 지금까지 들리지 않았던 절 밖의 바람 소리가 들려오기 시작했다. 그리고 본당 구석에서 피어오르는 선향의 향기도 선명하게 맡을 수 있었다.

모든 감각이 깨어나 주위의 사소한 자극까지 흡수할 수 있는 상태. 오감이 온전히 기능해 주변의 상황을 있는 그대로 파악할 수 있다. 어쩌면 이것이 바로 마인드풀니스의 상태가 아닐까?

우주비행사는 '상황 인식situational awareness'이라는 말을 즐겨 쓴다. 주위 상황을 온전히 이해하고 파악해 둔다는 뜻이다. 머리를 산뜻하고 깨끗하게 유지해서 주변의 상황을 있는 그대로 받아들일 수 있는 상태로 만들어 둔다. 바로 거기서 유연한 생각이 나오고 새로운 아이디어가 탄생한다. 그야말로 마인드풀니스와 일맥상통하는 생각이 우주의 세계에도 존재하는 셈이다.

우주에서 즐기는 책과 음악

이번 우주여행에서는 컴퓨터로 음악을 실시간 재생할 수 있는 환경 덕분에 온라인에서 책과 영상을 즐겨보았다. 요즘은 편리하게도 TV에서 보지 못한 방송을 인터넷에서 다시 볼 수 있어서 일본의 TV 프로그램도 시청할 수 있다. 국제우주정거장에서는 금요일 밤이면 모두 식탁에 둘러앉아 함께 영화를 보는 무비 나이트를 즐겼다. 우주와 관련된 영화는 물론 디즈니 채널에서 영화 〈어벤져스〉 같은 히어로 영화부터 코미디 영화까지 장르를 불문하고 다양한 영화를 보았다.

내가 우주에 직접 챙겨간 책들은 읽기 위해서라기보다는 곁에 두고 싶은 추억의 책이 대부분이었다. 그중에 고등학생이었던 나를 우주비행사의 세계로 이끌어 주었던 다치바나 다카시의 《우주로부터의 귀환》 1983년 초판본이 있다. 그리고 스티븐 호킹 박사의 《시간의 역사A Brief History of Time》 영문 초판본은 블랙홀에 관한 이야기인데, 대학 시절 처음 읽고 충격을 받았던 기억이 난다.

그 밖에 오카쿠라 덴신의 《차 이야기》와 제아미의 《풍자화전》도 가져갔다. 나는 첫 번째 선외 활동을 경험한 뒤 부쩍 인간의 '행위'에 관해 자주 생각하게 되었다. 그래서 다시 우주로 떠날 때 예로부터 전해 내려온 지혜를 배우고 싶다는 마음에 차의 세계를 다룬 《차 이야기》, 그리고 노能(일본의 전통 무대 예술 중 하나로 일종의 가면극─옮긴이)의 세계를 다룬 《풍자화전》을 챙겼다.

그리고 음악. 지금은 스트리밍의 시대이므로 컴퓨터를 이용해 다양한 곡을 들을 수 있다. 실험 모듈 키보에서 온종일 혼자서 작업을 할 때면 늘 모차르트의 노래를 틀어두었다. 마음이 차분해져서 작업에 오롯이 집중할 수 있기 때문이다.

사실 러시아의 차이콥스키도 프로코피예프도 아주 좋아하지만, 특히 프로코피예프의 곡을 들으면 저절로 힘이 들어가서 정신이 산만해지니 일을 하기가 어렵다. 결국 기분이 들떠서 혼자 지휘까지 해버린다. 그래서 일을 할 때는 방해가 되지 않는 모차르트가 좋다. 정반대의 느낌이지만 일본의 3인조 걸그룹 Perfume(퍼퓸)의 일렉트로 팝도 자주 들었다. Perfume의 노래를 틀어놓으면 다른 동료 승무원들이 근처를 지나갈 때마다 슬며시 다가왔다. 클래식을 좋아한다고 생각했던 내가 발랄한 노래를 듣고 있으니 신이 나서 말을 걸었다.

"이 노래 뭐야. 좋은데!"

잠은 잘 수 있을 때 자는 것이 철칙

국제우주정거장에 처음 왔을 때는 좀처럼 깊이 잠들지 못했다. 여행을 갈 때와 같은 원리로 잠자리가 익숙지 않으면 쉽게 잠이 오지 않는다. 수면 시간은 하루 중 심신이 가장 편안하게 풀리는 시간이니 몸도 마음도 안정되지 않으면 잠들 수 없다. 결국 우주에 와서 며칠 동안 계속 얕은 잠을 자다가 푹 잠들게 되기까지 2주 정도 시간이 걸렸다.

나의 침실은 주거 모듈인 NODE 2에 있는 독실이다. 공중전화 부스 하나 크기쯤 되는 아담한 공간이다. 양쪽으로 여는 문이 달려 있고 문을 완전히 닫으면 외부의 소리가 거의 들어오지 않는다. 그래도 우주선 안에는 기계가 많아서 어떻게 해도 소음이나 빛이 신경 쓰이는 승무원은 잘 때 귀마개와 안대를 착용한다.

침낭은 방 벽면에 달라붙듯이 놓여 있다. 침낭 안에 들어가도 양손을 바깥으로 꺼낼 수 있어서 움직이기 쉽고, 밀착 밴드로 몸을 고정할 수도 있다. 베개는 침낭에 달려 있다. 개인적으로는 침구 자체에 그리 공을 들일 필요는 없다고 생각한다. 무중력 상태이므로 등이 닿아서 아플 일도 없고 우주선의 공기 조절 기능 덕분에 자면서 땀도 많이 흘리지 않는다. 이곳 우주 공간에서는 지상에서 사용하는 침구처럼 푹신한 감촉이나 통기성을 따져야 한다는 생각은 그리 들지 않는다.

그보다는 잠을 잘 수 있을 때 자는 것이 무엇보다 중요하다. 가끔은 늦잠을 자도 괜찮다. 때로는 늦게 일어나 조회가 시작된 후에야 허둥지둥 출근하는 동료도 있다.

"아이참, 어쩌다 늦잠을 잤는지. 하하."

이렇게 변명을 하며 얼굴을 내민다. 하지만 가끔은 이런 일이 있어도 상관없다. 휴일에는 낮이 되도록 늦잠을 자는 사람도 있다. 수면을 취할 수 있을 때 푹 자둘 것. 만일의 경우에 대비하기 위한 철칙이다.

참고로 우주 체류 중 하루 일과에는 '낮잠'이 포함되어 있지 않지만, 지상에서는 낮잠 시간을 도입해 보아도 좋을 듯하다. '파워 냅power nap'이라고 해서 오후 시간에 의도적으로 낮잠을 자면 작업 효율이 올라간다는 사실이 이미 여러 연구에서 밝혀졌다. 일본의 몇몇 기업에서도 이미 낮잠 시간을 도입했다고 한다. 짧아도 좋으니 현대인의 일상에 잠시 수면에 빠질 수 있는 시간이 생긴다면 어떨까?

큐폴라에서 하루를 마무리하며 긴장을 푸는 시간.

세 번째 우주 비행에서도 좌선을 했다.

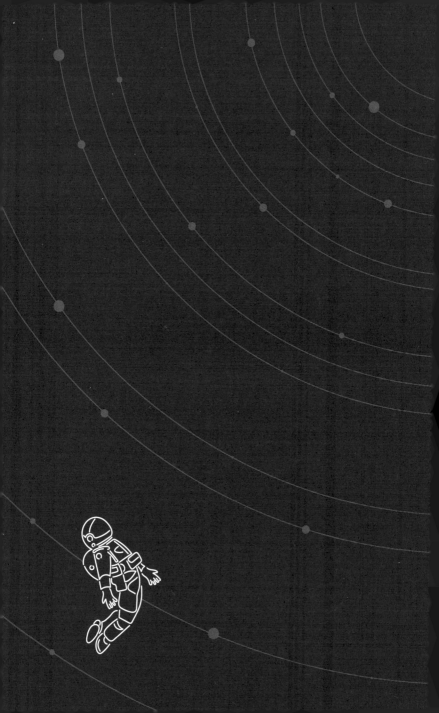

이미 도착한 미래,
민간 우주여행

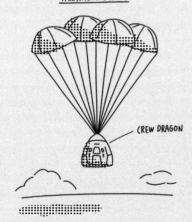

PARACHUTE DEPLOY

CREW DRAGON

SPLASHDOWN OFF FLORIDA COAST

민간인이
우주를 비행한 날

크루 드래건 '인스피레이션4'의 등장

2021년 9월 18일 현지 시간으로 오후 일곱 시가 조금 지났을 무렵. 사흘간의 우주 비행을 마친 신형 우주선 크루 드래건이 미국 플로리다주 인근 대서양에 착수했다. 우주선의 해치가 열리자 안에서 미국인 사업가와 그가 초대한 세 명의 멤버가 건강한 모습으로 얼굴을 드러냈다. 모두 민간인이었다.

세계 최초로 오로지 민간인만 탑승한 우주선으로 지구 궤도를 돈다는 쾌거를 이룬 것이다. 내가 세 번째 우주 비행에서 돌아온 뒤 불과 4개월 만에 벌어진 일이었다.

이번 비행에는 내가 탑승했던 크루 드래건 1호기의 캡슐을 다시 사용했다. 나는 크루 드래건을 개조할 계획이라는 이야기를 미리 들어 알고 있었고, 우주에 머물던 4월에 지구에 있는 사람들에게 이 놀라운 비밀을 밝혔다.

"자동차의 선루프처럼 유리창을 달아서 우주를 내다볼 수 있게 할 거예요."

예고한 대로 개조된 캡슐은 실제로 우주를 훤히 내다볼 수 있는 커다란 유리창을 설치해서 관광에 더 적합한 형태로 바뀌었다.

새롭게 개조된 캡슐은 지상에서 약 400km 떨어진 국제우주정거장보다 훨씬 높이 올라 고도 585km 궤도에 도달했다. 게다가 NASA와 스페이스X의 관제 센터에서 원격 조종으로 비행해 꿈에 그리던 자동 조종 비행을 현실로 만들었다.

네 승무원은 우주를 비행하는 동안 우주 환경이 인체에 어떤 영향을 미치는지 조사하는 연구를 위해 심장박동 수 측정과 채혈 등을 진행하고, 우쿨렐레를 연주하거나 그림 그리는 모습을 인터넷으로 지상에 중계했다.

이번 비행을 가리키는 명칭은 '인스피레이션4 Inspiration4'

다. 우주선에 탑승한 네 명 가운데는 어린 시절 암 치료를 받고 지금도 몸 안에 인공 기관을 가지고 있는 29세 여성도 포함되어 있어, 앞으로 신체적으로 이상이 있는 민간인도 우주에 갈 수 있다는 가능성을 확인했다. 이렇게 본격적인 민간 우주여행이 화려하게 막을 올렸다.

우주 관광으로 나아가는 크루 드래건

내가 탑승했던 크루 드래건 1호를 떠올려 보면, 다가오는 민간 우주여행 시대를 철저하게 고려한 우주선이었음을 새삼 실감한다.

흰색과 검은색을 기본으로 한 세련된 우주선 내부는 물론, 조종석에는 버튼과 계기판이 사라지고 터치스크린만 남아 구성이 깔끔해졌다. 옛 우주왕복선 조종석에 죽 늘어서 있던 3000개쯤 되는 스위치의 기능들이 우주 비행 중 상황에 따라 터치스크린에 표시되므로 정해진 훈련만 받으면 민간인도 대응할 수 있게 되었다.

그렇게 한 데는 이유가 있다. 예를 들어, 우주선을 발사할 때는 로켓의 출력에 관한 조작 화면만 스크린에 표시되면 된다. 우주선이 국제우주정거장에 도킹할 때는 연결 시 발생할 수 있는 문제에 대비하기 위해 선내 온도나 습도 같은 데이터만 눈에 보이면 된다. 반대로 이탈할 때는 국제우주정거장과 연결되었던 전원이나 통신 시스템이 정확히 분리되었는지 확인할 수 있는 내용만 화면에 표시되면 충분하다.

복잡한 방식으로 제어해야 했던 과거의 조종석은 이제 스마트폰처럼 터치스크린에 표시된 내용에 따라 손가락 하나로 조종할 수 있는 형태가 되었다.

ⒸNASA

크루 드래건의 조종석은 터치스크린으로 조작할 수 있다.

우주에서 전합니다, 당신의 동료로부터

이처럼 많은 사람이 '타보고 싶다!', '멋있다!'라고 생각할 만한 세련된 실내와 간결한 조작 화면은 우주여행이라는 상품을 판매하는 데 있어 큰 이점이 될 것이다.

우주 관광에 빼놓을 수 없는 또 다른 요소는 바로 우주선의 바깥 풍경을 즐기기 위한 커다란 창문이다. 우주선은 귀환할 때 대기권에 진입하면서 약 3000도의 고열에 노출된다. 따라서 본래 창문과 같은 개구부는 되도록 만들지 않는다.

하지만 스페이스X의 집념은 대단하다. 그들은 2012년 무렵부터 새로운 모델을 몇 번이나 내놓았는데, 처음에는 캡슐

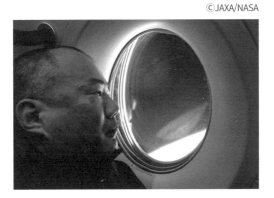

©JAXA/NASA

ISS로 향하는 크루 드래건 안에서.
크게 뚫린 창문으로 바깥 풍경을 즐길 수 있다.

여기저기에 창문이 있었다. 하지만 역시 그렇게 만들기는 무리였는지 내가 탑승한 크루 드래건은 창문 수가 줄어들어 외부에서 보면 창문 모양이 그대로 남은 금속 패널이 몇 군데 달려 있다. 설계 단계에서 창문을 설치할 예정이었던 곳이다. 그야말로 시행착오의 흔적이다.

우주 관광을 고려한 우주선이니 어찌 보면 아주 당연한 일이다. 우주 관광이 보편화됐을 때 지구에서 평소 사용하는 스마트폰 기능을 더하거나 커다란 선루프라도 만들지 않으면 관광객을 만족시킬 수 없을 것이다. 우주 사업은 이미 그런 시대에 접어들었다.

빠르게 발전하는 민간 우주 비행

우주 비행의 역사를 새로 쓰는 또 다른 '사건'이 이미 미국에서 벌어졌다. 2021년 7월 버진 갤럭틱Virgin Galactic의 '스페이스십 투SpaceShipTwo'와 거대 IT 기업 아마존의 창업자 제프 베조스를 태운 블루 오리진Blue Origin의 우주선이 연이어 고도 100km의 우주 비행에 성공해 전 세계를 열광케 한 것이다. 스페이스X의 인스피레이션4보다 두 달 앞서 거둔 쾌거였다.

이 두 비행은 '준궤도 비행'이라 불리는데, 대기권과 우주 공간의 경계에 해당하는 고도 100km 부근을 날며 몇 분간 몸이 붕 떠오르는 무중력을 체험한 뒤 그대로 지상으로 돌아오는 여행이다.

당시 나는 지상으로 귀환한 뒤였는데, 우주 관광 사업에 관한 언론사의 인터뷰에서 상업 비행에 대한 기대를 표현했다.

"곧 가격 파괴와 같은 커다란 변화가 일어날 겁니다. 노구치와 함께 떠나는 0박 6일 우주여행도 가능하겠지요. 하루 만에 오로라와 카리브해의 산호초, 히말라야산맥을 모두 볼 수 있는 방법은 우주여행밖에 없습니다."

실제로 훈련과 건강 검진은 사흘 정도면 받을 수 있으니 1인당 25만 달러라는 가격만 낮추면 일반인들도 꿈에 그리던 우주 비행을 손에 쥘 수 있다.

미국에서는 이 두 번의 우주 비행을 '올 것이 왔다'라는 식으로 받아들였다. 두 기업 모두 10년이 넘는 긴 시간에 걸쳐 끊임없이 성과를 보여주었기 때문이다.

의외로 잘 알려지지 않은 사실이지만, 블루 오리진의 로켓은 위로 곧게 발사되었다가 똑바로 선 채 착륙한다. 이러한 수직 이착륙은 스페이스X가 더욱 유명하지만, 사실 블루 오리진이 먼저 성공했다.

버진 갤럭틱은 2004년 필요한 모든 조건을 충족하며 민간 최초로 고도 100km의 유인 우주 비행에 성공한 '스페이스십원SpaceShipOne'의 흐름을 이어가고 있다. 실적으로 보면 스페이스X보다도 좀 더 앞서 우주로 가는 토대를 만든 회사라 할 수 있다.

이렇게 전문 우주비행사가 아니라 일반인도 우주에 갈 수 있게 되었건만, 일본에서는 의외로 반응이 미미하다고 할지 마치 다른 세상 이야기인 양 대수롭지 않게 받아들이는 듯해서 무척 놀라웠다.

민간 우주 비행에 관한 이야기는 방송에서도 자주 다룬다. 우주 개발의 최전선이라는 곳에 찾아가 "언제 우주에 갈 수 있나요!"라고 묻는 식이다. 15년도 전에 버진 갤럭틱에 우주여행을 신청해서 선발된 일본 회사원 이야기는 아직도 언론에 등장한다.

만약 내가 방송에서 "우리는 언제쯤이면 우주에 갈 수 있을까요?"라는 질문을 받는다면 이렇게 단언할 것이다.

"2021년 7월. 그 질문의 답은 **이미 나왔습니다**."

이제 누구든 우주에 갈 수 있는 시대가 찾아왔다. 그 사람의 자질이나 경력 혹은 고결한 이상을 내세우지 않더라도 돈만 내면 갈 수 있는 곳이 된 것이다.

아직은 요금이 부담되지만, 우주산업이 민간 주도로 나아가는 한 기업 간의 경쟁으로 언젠가 반드시 가격 파괴가 일어난다. 결코 전문 우주비행사나 부자들만의 세계가 아니다.

스페이스X가 불러온
우주 혁명

놀라운 자체 생산 체제

크루 드래건을 만든 스페이스X는 2002년 일론 머스크[Elon Musk]가 설립한 회사로, 미국 항공우주산업에서 손꼽히는 벤처 기업이다. 스페이스X[SpaceX]는 약칭이고 정식으로는 'Space Exploration Technologies Corp.'이라고 한다.

스페이스X의 본사와 공장은 항공우주산업 관련 기업들이 모여 있기로 유명한 캘리포니아주 로스앤젤레스 교외에 있다. 원래 있던 오래된 창고를 재활용한 건물이어서 스페이스X가

우주에서 전합니다, 당신의 동료로부터

어떤 식으로 비용을 절감하고 관리하는지를 그대로 보여주는 거점이다.

거대한 부지에는 전기자동차 기업 테슬라의 건물과 창고들도 위치해 있다. 발사 중계를 본 사람에게는 익숙한 풍경이겠지만, 스페이스X 본사 안에는 유리로 둘러싸인 커다란 관제실이 있다. 그리고 관제실 앞에는 우주에서 귀환할 때 그을린 자국이 그대로 남은 드래건 화물선 1호기가 여봐란듯이 천장에 매달려 있어 눈길을 끈다.

스페이스X라는 기업의 특성을 한마디로 말하자면 기체 설비와 디자인, 소프트웨어 개발, 실제 부품 제조, 기체 조립 그리고 발사와 그 후의 운용까지 모두 자사에서 처리하는 경이로운 자체 생산 체제일 것이다.

과거 우주왕복선은 미국 각지의 여러 회사에서 가져온 갖가지 부품을 사용해 마치

©NASA

스페이스X의 CEO 일론 머스크. 전기자동차 기업 테슬라의 공동 창업자이기도 하다.

패치워크를 하듯이 우주선을 조립했다. 이러한 작업에는 아주 방대한 시간과 비용이 필요하다. 그 당시를 생각해 보면 스페이스X라는 한 회사에 의한 일관 생산 체제는 실로 획기적이며, 실제로 우리를 놀라게 한 많은 성과를 보여주었다.

구체적인 예를 하나 들어보자. 크루 드래건 1호 발사를 2주 앞둔 날, 우리 승무원 네 명은 실제 우주선을 타고 테스트를 했다.

좌석에 앉아보니 발밑에 설치된 발판이 수동으로 수납하는 방식이었다. 그런데 레버를 움직여 보니 의자와 발판의 연결부가 너무 뻑뻑해서 잘 움직이지 않았다.

이러면 나중에 문제가 된다. 크루 드래건은 지상에서 수직 방향으로 발사되어 중간부터 수평 비행에 들어간다. 발을 지지할 발판의 위치를 바꾸지 못하면 그때그때 자세를 제대로 잡을 수 없다.

잘못된 부분을 지적하자 스페이스X의 담당자가 현장에 나와서 도면과 실제 상태를 대조하고는 즉시 수정에 들어갔다. 다음 날, 승무원들은 하루 만에 원하는 대로 발판을 움직일 수 있게 되었다는 사실을 확인하고서 모두 깜짝 놀랐다.

기존 항공우주 기업이라면 제조 현장과 본사 엔지니어의

거점이 멀리 떨어져 있는 데다, 먼저 원인을 찾고 방법을 검토한 뒤 많은 사람의 허락을 얻은 다음에 겨우 부품을 밀리미터 단위로 수정하는 과정을 거쳐야 한다. 스페이스X처럼 발 빠른 대처는 불가능하다는 뜻이다.

이렇게나 뛰어난 기동성을 갖출 수 있게 된 이유는 많은 부품을 자사에서 직접 생산하기 때문이다. 게다가 지금까지 수작업으로 만들어 왔던 로켓 엔진 같은 부품도 정밀한 3D프린터를 비롯한 최신 기술을 이용해 제작함으로써 비용 절감까지 실현했다.

외벽에 사용하는 탄소섬유 강화 플라스틱Carbon Fiber Reinforced Plastics 같은 복합 소재까지 자사에서 만든다고 하니 대단히 놀랍다. 탄소섬유 강화 플라스틱은 수지를 탄소섬유로 강화한 복합 소재인데, 뛰어난 강도와 가벼운 무게가 특징이다. 다른 항공우주 기업이라면 복합 소재를 자사에서 제작하지 않고 따로 하청을 주는 편이 편리하다고 생각할 것이다.

이처럼 많은 부분을 직접 제작한다는 스페이스X의 발상은 세세한 부분에까지 미쳐 소량 생산에 특화된 각 분야의 주문 제작에 심혈을 기울이고 있다.

여러 번 스페이스X를 방문하면서 이와 관련해 특히 흥미로

일론 머스크와 함께

운 부분을 발견한 적이 있다.

보통 기체를 제조하는 회사라 하면 일종의 철물 공장 같은 느낌인데, 스페이스X의 부지 안에는 우주복 봉제 공장까지 있다. 그곳에서는 의외로 많은 일본인 여성이 근무하고 있었다.

그러고 보면 아시아 여성들은 오래전부터 뉴욕 차이나타운에서 봉제 산업을 지탱해 왔고, 그로 인해 "패션 산업은 아시아로부터"라는 말도 있었다.

스페이스X의 창업자 일론 머스크는 남아프리카공화국에

서 태어났다. 열일곱 살에 홀로 캐나다로 떠났다가 미국으로 건너가 펜실베이니아대학에서 경제학과 물리학을 공부한 뒤 많은 어려움을 이겨낸 끝에 지금의 자리에 올랐다.

나는 2016년에 그를 처음 만났다.

"내가 제일 먼저 크루 드래건을 타는 외국인이 될 겁니다."

내가 그렇게 말하자 깜짝 놀라던 얼굴이 기억난다. 이곳은 실력만 있으면 승리를 손에 쥘 수 있는 세계다. 나 또한 그 뒤로 훈련에 매진해 결국 탑승의 꿈을 이루었다. 우주는 한정된 사람들만의 것이 아니라 세계로 활짝 열린 곳임을 깊이 실감했다.

계속된 실패, 예측 불가한 성공

스페이스X가 처음 로켓을 발사한 때는 처음 회사를 세우고 4년이 지난 2006년이었다. 인공위성을 실은 팰컨1 Falcon1 로켓은 발사 직후 엔진에 문제가 생겨 바다에 추락했다. 이듬해 2007년에 다시 발사한 팰컨1은 완전히 궤도에 진입하지는 못했고, 2008년 세 번째 시도에서도 발사 이후 로켓 분리에 실패하고 말았다. 하지만 같은 해에 실시한 네 번째 도전에서 드디어 성공을 거두어 로켓을 궤도에 올린 최초의 민간 기업이라는 영예를 차지했다. 나아가 2010년에는 무인 화물선 시험 비행에도 성공했지만, 세간의 평가는 결코 좋지 않았다.

당시 JAXA는 이미 무인 보급선 고노토리こうのとり 발사에 성공해 본격적으로 운용에 들어갔고, 유럽우주기구ESA가 개발한 무인 화물선 ATV도 활약 중이었다. 스페이스X는 경쟁자들이 각축을 벌이는 분야에서 한발 뒤처지고 있었다.

게다가 당시 NASA는 거듭 실패하는 스페이스X에 사사건건 제동을 걸었다. 속도가 너무 빠르다고, 데이터를 좀 더 확인하고 싶다고 말이다. 모든 위험성을 배제해야 한다는 NASA와 이 정도면 충분하다는 스페이스X는 서로 마찰을 빚기도 했다. JAXA의 동료들도 이대로라면 스페이스X의 미래가 걱정이라고 염려할 정도였다.

하지만 스페이스X는 결코 만만치 않았다. 그들이 화물 분야에 먼저 뛰어든 이유는 인명을 염려하지 않고 로켓을 발사할 수 있어서일 것이다. 뭐든 직접 해보고 실패로부터 배우고자 하는, 과히 일론 머스크다운 철학이었다.

화물용 캡슐을 바다 위에 첨병 떨어뜨려 회수한 뒤 재사용하는 방법을 거듭 시험했던 것도 그런 이유에서였다. 스페이스X는 이렇게 화물 분야에서 경험을 쌓고 재사용 방안을 시험하며 비용 절감을 위한 방법을 연구해서 유인 비행의 영역으로 향하는 길을 자신의 손으로 개척했다.

그 후에도 2015년에는 로켓이 발사 직후 폭발해 화물선이 파괴되었고, 이듬해 2016년에는 엔진 연소를 시험 중이던 팰컨9 로켓이 폭발해 NASA의 불안을 부추겼다. 하지만 스페이스X는 사고가 일어날 때마다 원인을 밝혀내고 문제를 해결해 NASA를 설득했다.

모든 데이터를 철저히 조사해 기술의 안전성을 검증하는 데 머물기보다는 이미 발생한 문제를 해결할 수 있도록 새로운 기술을 개발해 다음 한 수를 내미는 것이 먼저가 아닐까? 그것이 바로 스페이스X의 정신이리라.

그들은 어떻게 성공했을까

10년에 걸쳐 스페이스X를 가까이에서 지켜본 결과, 이들이 가진 가장 큰 힘을 세 가지로 요약할 수 있다.

첫 번째는 '이노베이션innovation', 다시 말해 혁신적이라는 점이다. 스페이스X 같은 신흥 기업이 뛰어들기 전, 우주산업 분야에서는 보잉이나 록히드 마틴Lockheed Martin, 노스럽 그러먼Northrop Grumman 같은 거대 기업이 엎치락뒤치락하며 세력을 떨치고 있었다. 우주는 그리 쉽게 성공할 수 있는 세계가 아니라는 듯 드높이 솟은 벽처럼 새로운 기업들의 앞을 가로막았다.

요컨대 우주는 위험천만하니 복잡한 시스템이 필요하고, 수많은 엔지니어가 수준 높은 공학 지식을 동원해야 겨우 결과물을 내놓을 수 있는 세계라는 것이다. 그런 의미에서 우주산업은 대단히 보수적인 접근 방식을 선호하며 빈틈없이 확인에 확인을 거듭하는 방식을 바람직하게 여기는 가치관에 지배당하고 있었다. 따라서 비용도 매우 높았다.

스페이스X는 그런 우주산업의 세계에 혁신을 일으켰다. 기존의 방식에 얽매이지 않고 먼저 목표를 설정한 뒤 이를 달성하려면 무엇을 해야 할지 생각하는 과제 지향적task-oriented인 사고방식을 채택했다. 목표 달성을 위해 기존의 과정에서 벗어난 유연한 발상으로 기업을 운영하는 것이 스페이스X의 신조다.

두 번째는 '애자일agile'이다. 미국 기업에서 자주 듣는 말인데, '빠름quickness'으로도 바꿔 말할 수 있다. 한마디로 민첩하고 재빠르다는 뜻이다. 스페이스X는 의사 결정은 물론이거니와 자금 조달과 제조 라인 관리, 운용 체제까지 통틀어 다양한 면에서 민첩하다.

물론 그것이 가능한 이유는 조직이 군더더기 없이 날씬하기 때문이다. 사실 기업에 간접 부문은 불필요하다. 본사의 관리 부서가 현장에 이런저런 잔소리를 늘어놓는 장면을 상상하면 이해하기 쉽다. 스페이스X에는 그런 인원이 거의 없다. 덕분에 대부분이 현장 위주로 돌아간다.

현장에서 물건을 만들다 보면 뭔가 이상하다는 생각이 들 때가 있다. 설계에 문제가 있는 건지, 제조가 잘못된 건지, 애초에 개발의 지침이 되는 요구 사양이 이상한 건지. 스페이스X에서는 그런 검토가 단번에 이루어진다. 군더더기 없는 조직이 같은 건물 안에 있으니 윗사람과 아랫사람도 훨씬 직접적이고 촘촘하게 연계되어 있다. 이것이 스페이스X에서 빼놓을 수 없는 핵심 요소라고 생각한다.

그리고 세 번째는 '래디컬radical'이다. 그들은 무엇이 되었든 변화를 두려워하지 않는다. 일본을 비롯한 동양 사회의 아폰 곳을 찌르는 이야기다.

일본은 정해진 규칙을 바꾸는 일에 보수적이어서 '바꾸면 실패할지도 모르지만 한번 해보자', '지금 실패해야 다음 성공이 있는 법이지' 같은 생각은 잘 하지 않는다. 구구절절 장황한 서류를 주고받느라 쓸데없이 너무 많은 시간과 노력을 들인다. 일본 기업은 사내에서 이리저리 조정해야 하는 일이 지나치게 많다. 어떤 문제가 발생하면 사내 보고서를 작성하거나 임원에게 설명하느라 몇 개월씩 걸리기도 한다.

스페이스X는 그런 일을 할 동안 이미 새로운 것을 만들고 시험해서 완성해 내고 놀라운 속도로 개발을 진행한다. 실패를 감추지 않고 적극적으로 알려 다음 성공을 위한 발판으로 삼는, 대단히 진취적인 정신으로 가득한 기업이다.

우주왕복선과 소유스,
그땐 그랬지

미국을 방랑한 우주왕복선

미국의 국가사업이었던 우주왕복선 계획은 사실 미국의 우주산업 육성을 위한 노력이라는 측면이 강했다. 어쩌면 미국 각 주의 힘 있는 상원의원들이 자기 지역에 우주왕복선 제조 공장을 유치해 달라고 정부에 끊임없이 요청했는지도 모른다. 그렇게 생각할 수밖에 없을 만큼 여러 주에서 수많은 회사가 부품을 제작해 납품했다. 부품의 수는 무려 250만 개에 달했다고 한다.

부품을 정비하고 유지하는 방법은 저마다 다르기 때문에 부품이 많을수록 고장이 났을 때 대처하기가 몹시 번거로워진다. NASA는 설계 전체를 책임지고 있으니 모든 부품을 검토하고 승인을 내리지만, 정작 제조 기술은 각기 다른 회사가 쥐고 있다.

따라서 도면만 있으면 NASA가 직접 부품을 만드는 편이 훨씬 바람직하지만, 그럴 수가 없다. 밸브 한 종류를 만든다 하더라도 실제로 사용하는 밸브는 네 개뿐이건만, 부품 회사는 만일을 위해 스무 개를 판매하고 부품이 부서졌을 때에 대비해 거대한 창고에 보관해 둔다.

이런 상황을 그대로 보여주는 일화가 있다. 1986년 우주왕복선 챌린저호 폭발 사고가 일어난 뒤 미국은 하루빨리 파괴된 기체를 대신해 새로운 우주왕복선을 만들어야 했다. 그런데 놀랍게도 이들은 교환용으로 보관해 두었던 부품만으로 새로운 기체를 완성해 버렸다. 즉, 우주선 하나를 뚝딱 만들어낼 수 있을 만큼 많은 교환용 부품을 창고에서 썩히고 있었던 셈이다.

문제는 부품뿐만이 아니었다. 우주왕복선이 우주에서 돌아오면 다음 비행을 위해 점검 작업에 들어간다. 그런데 주요 로

켓 엔진은 앨라배마주, 고체 로켓 부스터는 유타주, 우주왕복
선 오비터^{orbiter}(우주선 본체)는 캘리포니아주 로스앤젤레스에
서 정비해야 한다. 커다란 기체를 미국 각지 여기저기로 싣고
다니며 마치 각지를 방랑하듯 이동하는 풍경은 어떤 의미에서
는 우스꽝스럽기도 하다.

하지만 결국 미국 각지에 이익을 가져다주었으니 정책 면
에서는 그리 나쁘다고 할 수 없다. 다만 우주선을 운용한다는
점에서는 당시의 시스템이 너무나 복잡해서 시간도 비용도 높
이 치솟아 오래도록 내려오지 않았다.

소유스 우주선에 담긴 제조 사상

나는 2009년부터 2010년에 걸쳐 러시아의 소유스 우주선
을 타고 두 번째 우주 비행에 나섰다. 소유스 우주선은 미국의
우주왕복선과는 완전히 상반되는 제조 사상을 가지고 있어 무
척 흥미롭다.

러시아는 '낡은 기술'을 사용하는 데 탁월하다. 소유스 우
주선은 지금까지 개량된 형태가 여러 번 등장했지만, 오래전

부터 사용해 온 기술을 여전히 중요하게 다루기 때문에 소유스를 처음 개발한 1960년대부터 기본적인 설계는 달라지지 않았다.

오래된 설계이므로 우주선 안에 설치된 기계는 그다지 심플하지 않다. 배관도 기존 형태와 마찬가지로 잔뜩 달려 있다. 냉각수용 밸브를 포함해 손으로 직접 돌리는 밸브도 아주 많아서 만약 누수가 발생하면 손으로 잠그는 편이 더 빠르다. 러시아의 집이나 오래된 자동차의 설계와 흡사하다. 무슨 일이 일어나든 일단 손으로 잠글 것, 고장이 나면 필요한 부품만 교환할 것. 이런 느낌으로 만든 것이다.

우주선 내부에는 가벼운 알루미늄 금속을 주로 사용하고, 복합 소재 같은 자재는 거의 없었다. 보기 좋은 곡면이나 세련된 느낌도 없다. 그저 네모나게 각진 모양으로 불쑥불쑥 튀어나와 있다. 하지만 비용은 그만큼 적게 든다.

소유스는 한 번 사용하고 버리는 우주선이기 때문에 다음 비행에 나설 때는 반드시 새로운 기체를 쓴다. 매년 새로운 기체를 두 개씩 만든다. 따라서 설계는 오래되었더라도 제조 기술은 반년에 한 번씩 업데이트된다. '낡은 기술'을 쓴다는 말은 이런 의미에서 비롯되었고, 물건 자체는 완전히 새것이다.

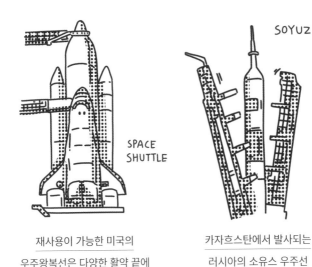

SOYUZ

SPACE
SHUTTLE

재사용이 가능한 미국의
우주왕복선은 다양한 활약 끝에
2011년 퇴역했다.

카자흐스탄에서 발사되는
러시아의 소유스 우주선

의외로 태블릿 PC나 와이파이 같은 유행 기술을 망설임 없이
도입하는 것 또한 러시아의 특징이다.

　다만 소유스 우주선에는 한 가지 문제점이 있다. 바로 신
장 제한이다. 틀림없이 우주비행사 가가린이 우주를 날았던
1960년대 러시아인의 표준 사이즈를 기준으로 삼은 듯하다.
위로는 182cm까지, 밑으로는 164cm 이상. 신장 제한이 오래
이어져 온 탓에 러시아 소유스 우주선은 특히 동양인 여성에
게 좁은 문이었다.

우주 관광 시대를
맞이하는 자세

국제우주정거장으로 떠나는 왕복 여행

스페이스X가 성공을 거둔 인스피레이션4의 취지는 민간인이 사흘간 지구 궤도 여행을 즐긴다는 데 있었다. 여기서 한 단계 높이 올라가면 민간인을 태우고 국제우주정거장에 다녀오는 여행이 되지 않을까? 놀랍게도 이 또한 이미 현실이 되었다.

2021년 10월 러시아연방우주공사 로스코스모스Roscosmos는 영화배우, 감독, 우주비행사 총 세 명을 태운 소유스 로켓을 카자흐스탄에 있는 바이코누르 우주 기지에서 쏘아 올렸다. 민간인 배우가 우주에서 영화를 촬영하는 것은 처음이었다. 국제우주정거장에 도킹한 후 세 사람은 12일간 촬영에 도전했다.

외신에 따르면 영화의 가제는 '도전'이라고 한다. 우주 공간에서 부상을 입고 의식을 잃은 남성 비행사를 여성 의사가 구해내는 이야기다. 러시아 영화배우 율리아 페레실드^{Yulia Peresild}가 주연을 맡았고 우주비행사 역은 함께 비행에 나선 전문 우주비행사 안톤 시카플레로프^{Anton Shkaplerov}가 연기했다. 페레실드는 발사 전 기자회견에서 신체적으로도 정신적으로도 훈련이 힘들었다고 회상하면서 감정이 풍부해야 하는 배우의 일과 우주비행사의 일은 각자 요구되는 부분이 정반대에 가깝다고 이야기했다.

그녀의 말에 깊이 공감한다. 국제우주정거장에 머물기 위해서는 전문 우주비행사 못지않은 훈련이 필요하다. 민간인을 받아들여야 하는 정거장 측도 긴장을 감추지 못했을 것이다. 만에 하나 문제가 생긴다면 사령관인 JAXA 소속의 호시데 아키히코 비행사를 중심으로 직접 대처해야 하기 때문이다.

한발 늦었지만 미국의 우주 기업 액시엄 스페이스^{Axiom}

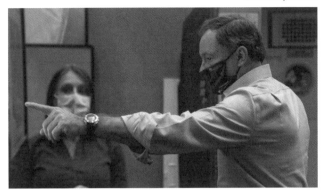

베테랑 우주비행사 '마이클 로페즈 알레그리아'

Space도 2022년 4월*에 미국, 캐나다, 이스라엘의 민간인 네 명을 국제우주정거장으로 보냈다. 이때 크루 드래건의 시험 비행 임무Crew Demo-2와 크루 투crew-2 미션에 쓰였던 엔데버 호를 개조하여 사용했다.

액시엄의 임무는 국제우주정거장에 도킹한 후 우주에서 다양한 과학 실험을 실시하는 것으로, 기존의 우주 관광과는 조금 달랐다.

이 우주선의 사령관은 나의 선배이기도 한 우주비행사 마

* 원문은 '2022년 1월 예정'이었으나 출간 이후 2022년 4월로 변경 및 진행되었다.

이클 로페즈 알레그리아Michael López-Alegría다. 베테랑 우주비행사가 안내자로서 우주 비행을 떠나는 민간인들을 이끈 것이다. 앞으로는 우주비행사도 우주 관광 시대에 발맞춰 더 널리 활약할 듯하다.

달을 향한 도전

2021년 4월, NASA는 유인 달 착륙을 목표로 한 '아르테미스 계획'을 실행하기 위해 우주비행사를 달로 실어 보내는 데 필요한 착륙선 개발을 스페이스X에 위임한다고 발표했다.

과거 미 도널드 트럼프 대통령 시절에 시작된 아르테미스 계획의 목표는 국제 협력을 통해 달 궤도를 도는 새로운 우주정거장 '게이트웨이'를 건설하는 것, 2025년까지 처음으로 여성을 포함한 미국인 비행사를 달에 착륙시키는 것, 그리고 화성 비행이다.

스페이스X가 개발 중인 우주선은 달과 화성까지 비행할 수 있는 스타십Starship이라는 우주선이다. 스페이스X가 NASA와 계약한 금액은 28억 9천 달러에 달해 미국의 기대는 점점 더 높아지고 있다.

일본은 세계에서 두 번째로 달에 착륙하기 위해 미국에 다양한 방식으로 자신들의 기여를 어필하고 있다. 스타십은 일본의 대형 온라인 쇼핑몰 ZOZO(조조)의 설립자인 마에자와 유사쿠前澤友作가 2023년에 떠나는 달 여행 프로젝트에도 사용될 예정이다. 일본에서는 이미 많은 사람에게 알려진 이야기다.

일본에는 대나무 속에서 태어나 달로 돌아갔다는 신비한 공주 이야기가 있다. 옛 일본 사람들에게 '달'이란 이 '가구야 공주'라는 전설 속 모습처럼 성스럽고 결코 침범해서는 안 되는 장소로 여겨졌다. 하지만 이제 일본인이 로켓을 타고 달에 착륙할 날도 얼마 남지 않았다. 어쩌면 다가올 시대에는 가구야 공주가 우주선을 타고 달로 돌아갔다는 이야기가 새로운 전설이 될지도 모른다.

민간 투자와 국가 전략

미국의 우주산업은 벤처 기업으로 출발한 스페이스X, 버진 갤럭틱, 블루 오리진 세 회사가 압도적인 힘으로 이끌어 나가고 있다. 여기에 민간인의 국제우주정거장 여행에 힘쓰는 액시엄 스페이스 그리고 초소형 위성 방출 사업에서 활약 중인 나노랙스Nanoracks도 있다.

이 다섯 회사는 지금 주목의 대상이다. 이들은 우주선 자체를 만드는 회사와 완성된 우주선을 솜씨 좋게 활용하는 회사로 나뉜다. 모두 자금 조달을 비롯한 기업 운영이 탄탄하게 돌아가는 회사들이다.

일본에서도 100억 엔 규모로 자금을 조달하는 우주 벤처 기업이 있다. 벤처 기업의 요건은 높은 기술력과 개발 인프라뿐만 아니라 이를 뒷받침하는 자금 조달력도 중요하므로 돈은 피해 갈 수 없는 문제다.

하지만 큰 비용이 들어가는 우주 벤처 기업에는 한 자리 더 많은 1000억 엔 단위의 자금이 필요하지 않을까. 현재 상황을 살펴보면 일본에서는 일반적으로 자금력 있는 대형 중공업 회사가 중심이 되어 우주산업을 추진하고 있다.

또한 미국과 일본은 국가가 우주산업에 관여하는 규모도 다르다. 앞서 살펴본 바와 같이 미국은 아르테미스 계획의 미래를 스페이스X에 위임하고 3000억 엔 이상의 국가 예산을 부여했다.

반면, 일본에서는 과학 기술 분야의 2022년도 예산 가운데 ①신형 우주정거장 보급선 ②게이트웨이에 대한 기술 제공 ③소형 달 착륙선 SLIM ④화성 위성 탐사 계획을 비롯한 연구 개발 사업을 포함해 총 381억 엔을 재무 당국에 요구한다고 했다.

이러한 예산이 아르테미스 계획의 일부를 담당한다는 것은 당연한 사실이지만, 국가사업으로 매진하기에는 예산 규모에 작지 않은 차이가 있다. 일본은 아무래도 국가 기관의 힘에 의지하는 경향이 있다. 그렇다면 벤처 기업이 분발할 수 있도록 국가가 더 강한 힘을 실어주어야 하지 않을까?

지구와 우주의 관계

어디부터가 우주일까? 사실 명확한 경계는 없다. 다만 미국 공군은 고도 80km 위를 우주로 정의하며, 일반적으로는 대기가 거의 사라지는 100km 위를 우주라고 말한다. 우리가 타고 다니는 비행기(여객기)는 대개 8~10km 상공을 난다.

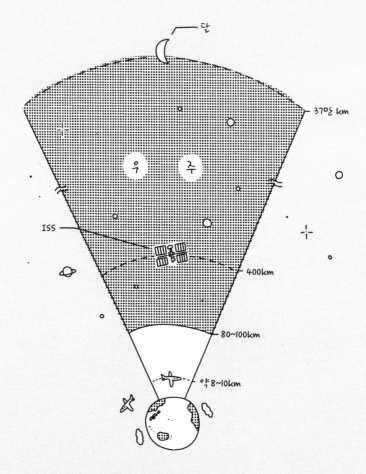

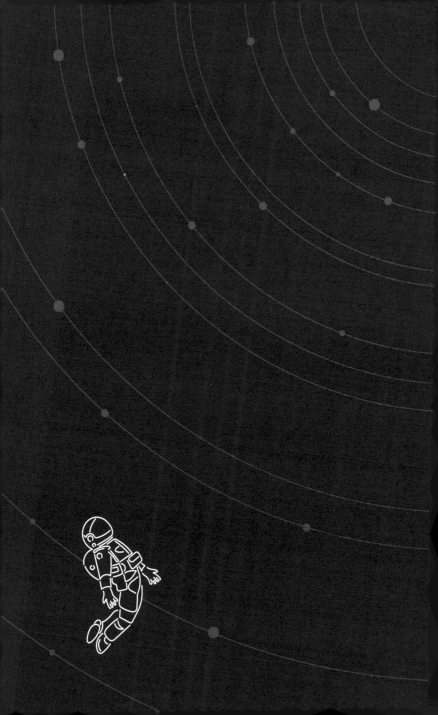

우주에서 돌아온 자,
아무도 그를 모른다

우주로부터의 귀환
다치바나 다카시

지구로의 귀환
그리고 고민

일상으로 돌아가지 못하는 우주비행사

"노구치 씨, 어서 오세요!"

2021년 7월 9일. 도쿄에서 귀국 기자회견에 참석하자 무사 귀환을 축하하는 언론 관계자들의 기분 좋은 인사가 쏟아졌다. 그 가운데 이런 성급한 질문도 날아왔다.

"이제 막 돌아오신 분께 이런 질문을 드려 죄송하지만, 또 우주에 갈 기회가 생긴다면 어떤 일을 하고 싶으신가요?"

나는 그 물음에 "정말 막 돌아온 참인데 말이죠" 하고 쓴웃음을 지으며 말했다.

"우주에 있을 때는 정말 하루빨리 지구로 돌아가고 싶었는데, 지구로 귀환하자마자 다음에는 또 언제 갈 수 있을까 생각했습니다. 똑같은 생각을 벌써 세 번째 하는 중이지만요."

내 농담에 장내 곳곳에서 웃음소리가 터져 나왔다. 그러고 나서 나는 떠오르는 대로 말을 이었다.

"다음에는 어떤 우주선을 탈 수 있을까요? 달에 가는 우주선일지도 모르고, 관광객을 잔뜩 싣고 달로 날아가는 관광 우주선일지도 모르지요. 가능하다면 어떤 것이든 지금까지 타보지 못한 새로운 우주선으로 다시 지구의 중력을 떨쳐내고 밖으로 나가볼 수 있다면 좋겠습니다."

내게는 이렇게 대답하는 것이 고작이었다.

세 번째 비행을 마치고 지상으로 돌아와 대략 두 달이 지난 시점. 일반적으로 오랜 우주 체류는 우주비행사의 몸에 근력 저하나 골밀도 감소를 불러온다. 그러므로 지구의 중력에 몸을 적응하게 하고 영양소를 보충하면서 45일간 재활 프로그램으로 신체 능력을 회복하지 않으면 바로 일상생활로 돌아갈 수 없다.

귀환한 우주비행사 가운데는 건강뿐 아니라 우주 임무를 대신할 새로운 목표를 찾지 못해 정신적으로 어려움을 겪다가 적응장애를 얻는 사람도 있다. 그러니 막 우주에서 돌아온 뒤에는 특히 주의를 기울여야 한다.

우주에서 돌아왔을 때 나는 천천히 시간을 들여 마음과 기억을 정리하고 싶었다. 앞으로 무엇을 할지 생각하는 것도 물론 중요하지만, 먼저 해두고 싶은 일이 있었기 때문이다. 그것은 세 번의 귀중한 우주 비행을 경험한 나의 내면을 들여다보고 거기에 어떤 변화가 나타났는지 밝혀내는 일이었다. 내가 우주에 간 이유는 바로 그것을 찾기 위해서였다.

다치바나 씨의 부고

크루 드래건을 타고 지구로 귀환할 날이 얼마 남지 않았던 4월 30일, 저널리스트 다치바나 다카시 씨가 80세의 나이로 세상을 떠났다.

고등학생 시절에 만난 다치바나 씨의 저서 《우주로부터의 귀환》은 내게 우주비행사를 꿈꾸는 계기를 만들어 주었다. 고등학교 때 산 초판본을 크루 드래건에 싣고 함께 우주를 여행했을 정도로 한시도 손에서 놓지 않고 늘 곁에 두었다. 다치바나 씨가 몇 해만 더 세상에 머물렀다면 우주여행을 직접 체험할 수 있었을지도 모른다. 이번 임무로 드디어 민간 우주여행의 문이 열린 셈이기 때문이다. 그만큼 다치바나 씨의 죽음은 애석하기 그지없었다.

내가 다치바나 씨를 처음 만난 것은 2005년 첫 우주 비행을 마치고 대담을 나눌 때였다. 그는 내가 직접 경험한 우주를 어떤 말로 표현하는지에 진지하게 귀 기울여 주었다. 얼마나 우주에 머물렀는지, 그곳에서 어떤 작업을 했는지에 관한 기록은 당연히 NASA에도 JAXA에도 남아 있다. 하지만 다치바나 씨는 그런 데이터가 아니라 내가 그 순간순간 어떤 감정을 느꼈고 그것을 어떻게 표현하는지에 주목했다. 우주비행사의 내면에 다가가 마음의 변화를 헤아리려 한 것이다.

《우주로부터의 귀환》이 출간된 1983년 무렵에는 현역에서 물러난 우주비행사 대부분이 NASA나 항공우주산업에 머물렀으니 솔직하게 이야기를 들려줄 사람이 많지 않았을지도 모른다. 우주비행사의 내면에서 일어나는 일을 더듬어 본다는 주제가 낯설게만 느껴지는 시대였던 만큼 우주 비행이 비행사의 정신에 어떤 영향을 미치는지 선명하게 조명한 이 책은 획기적인 르포가 되었다.

다치바나 씨는《우주로부터의 귀환》에서 드러나는 필치와 마찬가지로 나와의 대화에서도 열성적으로 질문을 던졌다.

다치바나　《우주로부터의 귀환》에 적은 것처럼 아폴로 시대의 미국인 우주비행사들은 우주에서 대부분 일종의 의식 변화를 겪었습니다. 그것도 우주선 안에만 있었던 사람보다도 EVA(선외 활동)를 경험한 사람이나 달 체험을 한 사람의 생각이 더 크게 바뀌었다고 합니다. 노구치 씨는 EVA를 체험하고서 "마치 지구 꼭대기에 있는 것 같다"라고 표현하셨지요. 그때가 바로 의식 변화에 가까운 상태가 아니었을까 하는 생각을 했습니다. EVA를 하실 때 어떤 느낌을 받으셨나요? (중략)

노구치　결론부터 말하자면, 저는 우주 비행에 나서기 전이나 후에는 격렬한 종교적 깨달음이나 신의 계시 같은 것과는 전혀 인연이 없었습니다. 하지만 우주에 나가 바깥에서 지구를 바라본다는 경험은 사람을 어떻게든 바꿔놓을 수밖에 없습니다. (중략) 창문 너머 풍경으로 지구를 '보는' 것과 EVA를 하며 눈앞에 있는 지구를 물체로 '느끼는' 것은 느껴지는 현실성이 전혀 다르지요. (중략) 지구와 일대일로 마주 보며 든 생각은 끝없이 펼쳐진 밤하늘 속에서 생명의 빛과 생기로 가득한 별은 지구뿐이라는 것이었습니다.

– 《주오코론中央公論》 2006년 2월호 53쪽에서 발췌

《우주로부터의 귀환》은 어린 나에게 우주비행사의 앞날에 반드시 장밋빛 미래가 펼쳐지는 것은 아니라는 사실도 알려주었다. 우주비행사의 마음속 고뇌나 좌절을 있는 그대로 보여주고 거기서 벗어나는 극적인 과정도 그렸다. 아무래도 그 내용이 내게 좋은 영향을 준 듯하다. 우주로 떠나기까지 내가 걸어온 길은 결코 평탄하지 않았기 때문이다.

대학에 다니던 1986년, 우주왕복선 챌린저호의 폭발 사고를 보고 우주 비행이 결코 안전한 세계가 아니라는 사실을 뼈저리게 느꼈다. 그리고 2003년 우주왕복선 컬럼비아호 폭발 사고에서는 우주비행사 동기생과 친구들이 덧없이 사라졌다. 기쁜 마음으로 배웅한 동료들이 돌아오지 않는다는 현실에 갑작스레 맞닥뜨려 큰 충격을 받았다.

나는 다음 우주왕복선에 탑승할 예정이었기에 내게도 이런 불행이 찾아올 수 있다는 사실을 절실히 실감했다.

NASA의 우주왕복선 계획은 그 뒤 2년 반 동안 중단되었다. 이 유예 기간이 내게는 우주 비행과 마주할 수 있도록 마음의 준비를 다지는 시간이 되었다. 만약 유예 없이 다음 비행에 나서라는 명령이 내려왔다면, 나는 그 임무를 포기했을지도 모른다. 실제로 컬럼비아호 사고 직후 여러 우주비행사가 은퇴를 선언했다.

늘 이러한 불안을 안고 세 번의 비행을 완수했지만, 다치바나 씨의 책이 마음의 양식이 되어주었기에 고난을 이겨낼 수 있었다고 지금도 생각한다.

이 책이 알려준 것이 하나 더 있다. NASA와 JAXA는 '우주 공간에서 인류가 어디까지 도달할 수 있는가'를 탐구하며 국가사업으로 성과를 내는 데에 초점을 맞추고 있다. 다치바나 씨는 목표에 사로잡힌 우주 개발에 의문을 던지며, 국가 정책으로서의 성과에서 그치지 않고 '우주 비행이 인류의 정신에 어떠한 영향을 주는가'라는 관점에서 계속해서 질문했다. 우주 개발의 성과는 구체적으로 우리의 내면에 어떤 형태로 작용하고 있을까? 이러한 물음을 우주비행사에게 끊임없이 던진 것이다.

내가 자신의 내면을 탐구하는 연구를 인생의 과업으로 삼은 이유는 그런 영향 때문일 것이다. 우주에서 돌아올 때마다 나의 내면에 나타난 변화를 다치바나 씨처럼 솔직하고 알기 쉽게 전하고자 주의를 기울였다. 이 책을 집필하고 싶다고 생각한 이유도 다치바나 씨의 죽음을 마주하기 위해, 그리고 세 번째 우주 비행에서 어떤 일이 일어났는지 기록으로 남겨두고 싶었기 때문이다.

그중에서도 두 번째 비행 후 경험했던 마음의 갈등이 과연 다시 찾아올지 나 자신에게 질문하고 싶었다.

어느새 찾아온 은퇴 고민

2009년부터 2010년에 걸친 두 번째 비행이 끝난 뒤였다. 당시 나는 일본인으로서 우주에서 가장 긴 시간을 체류하고 가장 오래 선외 활동을 했다는 기록을 세웠다. 뭔가 끝까지 몽땅 불태운 듯한 느낌이었다.

우주왕복선을 이용한 첫 번째 단기 비행은 내가 이루고 싶었던 꿈을 실현한 시간이었다. 반면 두 번째 우주 비행은 일본이 국가의 명예를 걸고 만들어 낸 실험 모듈 '키보'가 마침 가동을 시작한 무렵이었기에 국가의 자존심을 건 장기 체류 임무라 할 수 있었다. 나는 기대에 부응하기 위해 우주에서 약 반년에 걸쳐 임무를 성공시켰다.

그 무렵 두 번의 우주 비행을 마치고서 나는 무언가 커다란 일을 해냈다는 성취감에 젖어 있었다. 한편으로는 앞으로 무엇을 목표로 삼아야 할지 그리고 과연 다시 의욕이 생길지 자문자답하며 하루하루를 보냈다.

실제로 국제우주정거장에서 장기 체류까지 경험할 수 있었으니 우주비행사를 그만두는 선택지도 있다는 생각이 마음 한 구석에 있었다. 이듬해 2011년 우주왕복선이 퇴역하고 미국이 유인 우주선을 보유하지 않게 되자 함께 훈련했던 미국인 우주비행사 동료들은 차례차례 은퇴하기 시작했다. 나는 우주왕복선 계획이 끝을 맺는 한 시대의 전환점을 두 눈으로 지켜보았다.

이직이 활발한 미국에서 우주비행사는 직업 중 하나에 지나지 않는다. 내가 우주비행사 후보자로 선정되어 NASA의 우주비행사 양성반에 들어간 때가 약 25년 전이다. 그 후 동기 44명 중 대부분이 민간 기업으로 이직했고 그중 많은 사람이

성공을 거두었다. 그렇게 변화하는 모습에 부러움을 느낀 적
도 있었다.

우주비행사의 이직에는 미국이든 일본이든 공통된 사항이
있다. 한마디로 말하자면 우주에서 귀환한 우주비행사의 두
번째 인생을 지원하는 시스템이 매우 부실하다는 사실이다.
우주로 날아가기 전 비행을 준비하는 기간이나 비행하는 중에
는 꼼꼼한 지원과 많은 사람의 주목이 쏟아진다. 하지만 임무
를 마치고 지상으로 돌아오면 그 이후로는 마치 잊힌 존재처
럼 변해버린다. 물론 다른 비행사의 임무를 돕는 지원 업무에
참여하기도 하지만, 은퇴의 길을 걷는 사람도 적지 않기 때문
에 결국 앞길은 자신의 힘으로 헤쳐나가야 한다.

두 번째 비행을 마치고 2년 뒤인 2012년, 나는 미국 휴스
턴에서 일본으로 돌아가 텔레비전 보도 프로그램에서 해설을
하거나 글을 쓰고, 2장에서 이야기했듯이 국제연합에서 일하
기도 했다.

그럼에도 우주 비행과 견줄 만한 인생의 목표를 발견하지
못해 계속해서 무언가를 찾아 헤맸다. '번아웃 증후군'이라고
도 할 수 있을 법한 기나긴 터널 속을 헤매는 나날이었다.

번아웃 증후군을
마주하다

문제를 정면으로 마주하는 방법

나는 두 번째 비행 후 겪은 일들을 당시 내 나름대로 되돌아보고 싶었다. 우주비행사가 경험하는 극한의 상태가 인간의 내면에 어떤 변화를 불러오는지 그리고 지상으로 돌아온 뒤 일상생활로 돌아가기 위해 어떤 과정을 거치는지. 그런 여정을 살펴보면 번아웃 증후군을 극복하고 앞에 펼쳐진 미래를 내다볼 수 있지 않을까 상상했기 때문이다.

이런 생각으로 도쿄대학 첨단과학기술연구센터의 구마가

야 신이치로^{熊谷晋一郎} 부교수를 찾아가 의논한 끝에 '당사자 연구'라는 주제를 연구하는 멤버로 합류하게 되었다. 구마가야 부교수는 뇌성마비를 앓고 휠체어 생활을 하게 된 소아과 의사로, 장애인이라는 당사자의 관점에서 과감한 연구 주제들을 다루는 연구자다.

당사자 연구라는 말은 아직 낯설게 느껴질지도 모르지만, 간단히 설명해 보자면 다음과 같은 생각이 담겨 있다.

지금까지 장애인이나 난치병을 앓는 환자 또는 약물 의존증 때문에 고통받는 사람들을 대상으로 한 연구에서는 '전문가'가 연구를 진행하므로 환자는 '연구 대상', 즉 실험 대상에 불과했다. 하지만 환자가 아니면 알지 못하는 괴로움과 고민을 알고 싶다면 환자 스스로가 연구의 주체가 되어야 하지 않을까. 자기 자신, 즉 당사자로서 참여해 전문가와 함께 연구하고 정책을 설계하려는 시도가 바로 당사자 연구다.

흥미롭게도 구마가야 연구실의 당사자 연구에는 장애인이나 의존증과 싸우는 당사자들 외에도 나 같은 우주비행사나 올림픽 및 패럴림픽에 출전했던 운동선수도 참여했다.

과거 일본의 올림픽 여자 농구 대표 선수였던 고이소 노리

코이소小磯典子 씨의 발언이 당사자 연구를 시작하는 계기 중 하나였기 때문이다. 고이소 씨는 의료계 학회에서 자신의 경험을 바탕으로 선수들의 건강 문제에 대해 경종을 울렸다.

그녀의 말에 따르면 중학교, 고등학교 운동부에서 감독이나 코치에게 계속해서 혼나는 학생들은 온몸이 경직되어 시합이나 연습이 없을 때 좀비 같은 상태가 된다고 한다. 승패에만 매달리는 능력주의가 과도해지면 사회에는 승자에 대한 칭송만 넘쳐나고 시합에서 진 다수의 패자는 그늘로 내몰리고 만다. 그 결과 은퇴 뒤 이어지는 긴 인생을 헛되이 흘려보내게 되는 폐해가 발생한다는 것이다.

구마가야 부교수는 이러한 선수들의 상황이 의존증의 연구 결과와 겹치는 부분이 많다고 말한다. 의존증에 빠지는 사람 중에는 어린 시절 학대를 경험해 정신적 외상을 입은 사람이 적지 않다. 학대를 받으면 자신이 힘들어도 가까운 사람에게 기대면 안 된다는 생각 때문에 ①자신의 해결 능력 ②가까이에 있는 물질 ③자신과 먼 권위 있는 존재라는 세 가지 요소에 의존할 수밖에 없는 상황에 놓인다고 한다. ①은 능력주의, ②는 도핑, ③은 감독이나 코치 같은 권력자를 가리킨다는 사실은 말할 것도 없다.

그렇다면 우주비행사는 어떻게 연구 대상이 될까?

구마가야 부교수는 우주비행사의 훈련 과정이 운동선수의 연습 과정과 유사하다고 말한다. 예를 들면 무중력 상태에서 작업하는 데 익숙해지기 위해 시간을 알려주지 않고 수영장에 몇 시간씩 방치하는 훈련이 있는데, 이런 훈련이 운동선수의 가혹한 단련 과정과 유사하다는 것이다.

또한 내 경우에는 칠흑의 어둠에서 선외 임무를 할 때 바로 앞만 보이는 상황에서 이 손을 놓으면 우주의 어둠 속으로 빨려들지도 모른다고 느꼈고, 그 광경이 지구로 돌아온 뒤에도 종종 떠올랐다. 구마가야 부교수는 여기에 심리적 상처를 입은 운동선수의 정신적 외상과 일맥상통하는 지점이 있다고 지적했다.

나는 한때 '세계 우주비행사 회의'라는 전 세계 우주비행사들의 친목 단체에서 회장을 맡은 적이 있다. 그때 우주에서 돌아온 뒤에도 일상생활에서 어려움을 겪는 전직 우주비행사의 이야기를 들었기 때문에 구마가야 부교수의 생각이 핵심을 찌르고 있다고 생각한다. 구마가야 부교수는 우주에 나간 비행사가 정신적 외상과 유사한 경험을 할지도 모른다는 생각에 나와 함께 연구를 시작했다. 그런데 실제로 살펴보니 우주비행사의 훈련과 양성 과정이 뜻밖에도 운동선수의 세계와 아주 유사하다는 사실을 깨달았다고 한다.

우주비행사의 내면을 바라보다

우주비행사와 운동선수가 속한 세계는 정말 닮은 점이 많다. 함께 나라의 위신을 등에 짊어지고, 많은 예산을 들여 육성되며, 엄청난 부담이 작용하는 실전에서 초인적인 능력을 발휘해 임무를 수행한다. 성공하면 국민뿐만 아니라 전 세계의 칭송을 받기도 한다.

하지만 실전이 끝나고 나면 한순간에 '평범한 사람'이 되어 버린다. 하늘과 땅처럼 격차가 벌어진 일상으로 돌아가야 하고, 미래에 대한 비전을 쉽게 떠올릴 수 없다는 점도 매우 비슷하다.

나 자신을 되돌아보니 우주 임무가 얼마나 특별한 시간이 었는지 알 수 있었다. 여러 해에 걸쳐 혹독한 훈련을 받아야 하지만, 정작 우주로 날아오르면 중력의 멍에로부터 벗어난 덕에 가정용 냉장고만큼 무거운 기계도 한 손으로 옮길 수 있는 데다 조금만 탄력을 주면 물속을 헤엄치듯 거침없이 움직일 수 있다. 마치 신체 능력이 단번에 치솟아 월등한 힘을 얻은 듯 느껴지고, 그런 생활이 반년이나 이어지면 초인적인 생활에 익숙해지고 만다.

하지만 지상으로 돌아간 뒤에는 아주 힘들어진다. 근육량, 골밀도, 시력 저하나 평형감각 소실 같은 신체적인 어려움이 발생한다. 선외 활동처럼 죽음과 맞닿아 있는 가혹한 임무를

ⓒJAXA/NASA

무중력 상태에서는 무거운 물건도 가볍게 들어 올릴 수 있다.

수행한 탓에 지구로 돌아온 뒤에도 당시의 심리적 공포가 되살아나 정신이 불안정해지기도 한다.

또는 지상에 돌아와 다시 오감과 인지능력이 높아지면서 우주선 생활에서는 느낄 수 없었던 선명한 풍경이나 많은 사람과의 소통을 통한 다양한 정보가 한 번에 밀려든다. 그런 나머지 오감이 마비되고 얼마간 머리가 어질어질해지기도 한다. 이런 증상을 꽤 오랜 시간을 들여 회복하지 않으면 귀환한 비행사는 일상에서 벗어난 감각을 지닌 채 살아가게 된다. 심지어 자신을 되찾지 못하는 사태가 벌어질 수도 있다.

다만, 나는 우주와 지구를 세 번 오가면서 지구로 돌아간 우주비행사가 지상에 존재하던 자기 자신으로 완전히 돌아가는 것은 아니라고 생각하게 되었다. 그 차이를 당사자의 입장을 살려 되도록 객관적인 연구 방식으로 밝혀보고 싶어졌다. 왜냐하면 이 세상과 인터넷상에 넘쳐흐르는 데이터나 최신 이론을 아무리 해석해 보았자 당사자의 내면에는 가까이 다가갈 수 없기 때문이다. 실제 체험을 통해 알게 된 자신의 속마음이란 누구도 무너뜨릴 수 없는 확고한 존재로 남기 때문이다.

운동선수들의 세계에서도 아주 많은 사람이 목표를 위해

힘겨운 세월을 보낸다. 중학교 시절부터 주목받기 시작하고 운동으로 유명한 학교에서 대학교나 실업 팀 선수로 나아간 끝에 올림픽과 패럴림픽 같은 최종 목표를 노리고 끊임없이 능력을 갈고닦아야 한다. 그리고 화려한 무대에서 우승의 영예를 차지한 직후, 나락으로 떨어지듯 엄청난 낙차를 경험하는 것이다. 나는 이러한 경험을 가진 운동선수들과 이야기를 나누어 보기로 했다.

컬링 선수가 번아웃 증후군에 빠질 때

2018년 11월, 일본 여자 컬링의 요시다 지나미吉田知那美 선수와 대화하는 시간을 가졌다. 구마가야 연구실의 일원으로서 함께한 당사자 연구를 위해서였다.

요시다 지나미 선수는 같은 해 2월 평창 동계 올림픽에서 동메달을 획득하며 일본 컬링 최초로 메달리스트가 되었다. 시합 중 동료들과 전술을 논의할 때 명랑한 목소리로 "그래!"라고 대답하는 모습이 크게 화제가 되면서 분위기 메이커로서도 팀을 긍정적인 방향으로 이끌었다. 그래서 그녀가 들려준 경험담은 더욱 충격적이고 가슴 아프게 느껴졌다.

컬링으로 유명한 홋카이도 기타미시에서 나고 자란 요시다 선수는 중학교 시절 일본 선수권에서 활약하며 돌풍을 일으켰다. 고등학교를 졸업하고 캐나다에서 유학한 뒤에는 홋카이도 은행 컬링 팀에 들어갔다. 그렇게 은행원으로 일하면서 연습에 힘써 2014년 소치 동계 올림픽에 대표 선수로 출전해 5위라는 성적을 거두는 데 이바지했다.

하지만 요시다 선수는 올림픽이 끝난 직후 팀에서 제외되었다. 팀 구성원들의 연령을 낮추려는 목적이었던 듯하지만, 요시다 선수에게는 마른하늘에 날벼락이었다. 한순간에 나락으로 떨어져 살아갈 목표를 잃어버렸다 해도 과언이 아닌 경험이었다.

실의에 빠진 요시다 선수는 말 그대로 번아웃 증후군 같은 상태가 되어 얼마 뒤 은행을 그만두었다. 어찌 됐든 컬링에서 멀리 벗어나고자 홋카이도를 떠나 각지를 여행했다. 하지만 그녀는 결국 다시 컬링의 곁으로 돌아갔다.

모토하시 마리本橋麻里 선수는 요시다 선수가 현재 소속되어 있는 기타미시의 컬링 팀 '로코 솔라레'의 설립자로, 그녀에게 이런 말을 해주었다.

"나에게도 이루고 싶은 꿈이 있어. 여자 선수에게는 결혼이나 출산이 부정적으로 작용하기 쉽지만, 자기 꿈을 언제 어떤 순서로 이룰지는 스스로 결정해야 해. 이 팀에서는 그래도 괜찮아."

요시다 선수는 그 말을 듣고 새로운 곳에서 컬링을 다시 시작했다. 기존 팀에서 제외되고 4개월이 지났을 때였다.

요시다 선수는 이 일을 계기로 '컬링이 인생'이 아니라 '인생 속에 컬링이 있다'고 생각하게 되었다. 팀 안에서라면 약한 면을 보여도 되고 다른 사람에게 의지해도 된다. 미완성인 상태여도 괜찮다. 모토하시 선수는 그런 면을 나약함이나 약점이 아니라 '개성'이라고 불러주었다.

나는 요시다 선수의 말을 들으면서 '갑자기 팀에서 제외된다는 꿈에도 생각지 못한 인생의 기로에 섰을 때, 다른 사람이라면 어느 정도 인터벌을 두더라도 그렇게 잘 회복할 수 있을까?'라는 생각을 했다.

나는 앞에서 악순환은 '타임아웃'으로 끊어낸다고 적었다. 하지만 요시다 선수는 의도적으로 시간 간격을 두었다기보다는 너무나 큰 충격 때문에 마음이 얼어붙어 멍하니 멈춰 선 상황이었으리라 생각된다. 거기서 벗어나기란 이만저만 어려운 일이 아니다. 기분 전환을 하려고 네 달 동안 하는 일 없이 시간을 보냈건만 결국 긴 터널을 빠져나오지 못하고 되돌릴 수 없는 상태가 될 수도 있기 때문이다.

모토하시 선수라는 둘도 없이 좋은 선배의 존재가 그녀를 구원해 주었다는 점은 말할 것도 없는 사실이다. 다만 선배의 말을 요시다 선수의 마음이 그대로 받아들일 수 있었다는 사실이야말로 간과할 수 없는 부분이다. 그만큼 요시다 선수의 정신이 지금까지 해온 훈련으로 강인하게 단련되었고 4개월 만에 다시 일어설 정도로 강한 회복력을 지니고 있었다는 뜻이 아닐까?

지금 이 순간을 살아간다는 것

그녀의 두 번째 번아웃 증후군은 2018년 평창 동계 올림픽을 계기로 찾아왔다. 일본인 최초로 컬링 동메달을 획득하는 쾌거를 이루고 일본으로 돌아왔을 때였다.

요시다 지나미 선수와 당사자 연구를 진행했던 도쿄대학에서

귀국 후 그녀에게는 사람들의 열광적인 환호성이 쏟아졌
다. 그것은 컬링을 스포츠로 인정하고자 하는 물결이라기보다
는 여성 선수들을 아이돌 보듯 바라보는 호기심 어린 시선이
었다. 요시다 선수는 일본에서 컬링이 아직 스포츠로 인정받
지 못했다고 느꼈고, 그때의 심정을 이렇게 표현했다.

"몸은 내가 살던 나라로 돌아왔지만, 마음이 돌아오지 못했
던 것 같아요."

다시 한번 의욕을 되찾기까지 긴 시간이 걸렸다.

요시다 선수는 오랫동안 침묵을 지키며 곰곰이 생각한 끝에 이런 생각에 이르렀다고 한다.

로코 솔라레가 내건 목표는 '세계 어떤 팀보다도 철저하게 준비하는 것'이다. 사전 준비가 부족하면 얼음 위에 오른 순간 공포에 휩싸여서 '이제 부딪쳐 보는 수밖에 없다'는 자세로 미련 없이 경기에 집중하기가 어렵다.

그러니 금메달이나 세계 1위처럼 저 멀리 있는 목표에만 매달리기보다는 목표로 향하는 '준비' 단계에서 그 순간을 어떻게 생동감 있게 살아갈 것인가에 초점을 맞추어야 한다. 다시 말해, 구체적인 목표가 아니라 거기에 도달하는 '과정' 자체에 집중하는 방식이 팀에 어울린다는 생각에 이른 것이다.

그런 면에서 컬링 대국이라 불리는 캐나다가 좋은 본보기가 된다. 캐나다에서는 팀마다 실력에 크게 차이가 나지 않는다. 그래서 팬들은 승부보다는 각 팀의 개성을 즐기고 응원한다고 한다. 요시다 선수가 속한 팀은 캐나다에 가면 이런 이야기를 자주 듣는다.

"여러분 팀은 항상 즐겁게 컬링을 해서 시합을 보면 기분이 좋아져요."

그런 말을 들으면 자신들이 얼음 위에 서는 의미는 바로 지금 이 순간에 있다는 생각이 든다.

하지만 일본으로 돌아와 보면 올림픽에 출전하는 팀만 가치가 있고, 이길 수 있는 팀이기에 지원을 해준다. 그러니 이겨야만 한다. 결국 변함없이 같은 곳만 빙글빙글 도는 듯해 컬링을 그만두고 싶어진다.

물론 세계 최고가 되고 싶다. 하지만 이기고 싶은 만큼 선수 한 명 한 명의 가치는 과연 어디에 있는지 또한 찾아내고 싶다. 승부를 떠나 지금 이 순간을 살아갈 이유와 의지가 있다면 분명 기쁜 마음으로 경쟁을 즐길 수 있지 않을까?

은퇴 후를 생각하며
현재를 살기

두려움을 이기는 방식

나는 당사자 연구를 통해 만난 요시다 선수에게 이런 말을 했다.

"어떻게 해야 만족스럽게 은퇴할 수 있을지 생각하는 건 오히려 행복한 고민이고, 사람들은 대부분 갑작스레 은퇴를 맞이하게 되지요. 올림픽 농구 대표였던 한 선수는 은퇴할 수밖에 없는 상황으로 자기 자신을 내몰았다고 해요. 올림픽 선수도 우주비행사도 충분히 이해할 수 있는 방식으로 은퇴할 수 있다는 보장은 없어요. 영광스러운 무대에서 돌아온 뒤의 인생을 위해 무엇이 은퇴의 계기가 될지는 생각해 두는 편이 좋아요."

그러자 요시다 선수에게 명쾌한 대답이 돌아왔다.

"로코 솔라레는 2018년 8월에 법인이 되었어요. 대표인 모토하시 선수는 로코 솔라레를 법인화하면 만에 하나 선수에게 무슨 일이 생겨도 사원으로 고용할 수 있다고 했죠. 이런 사실이 상상 이상으로 큰 안도감을 주는 것 같아요."

은퇴란 대부분 갑자기 찾아온다. 금메달을 땄든, 기대와 다른 결과로 끝났든, 은퇴는 반드시 다가온다. 그렇기에 로코 솔라레의 행보에는 선수들을 마땅히 평범한 사람으로 대하고자 하는 명확한 메시지가 담겨 있다.

운동선수들의 세계에는 은퇴 후에 대비하는 지원 시스템이 조금 더 잘 마련되어 있는 듯하다. 일본 올림픽 위원회의 관계자와 함께 올림픽 훈련 시설을 방문한 적이 있다.

위원회는 대표 선수로 선발되어 합숙에서 열심히 훈련하는 선수들에게 놀랍게도 이런 조언을 했다.

"현역에서 물러난 뒤에 두 번째 커리어를 어떻게 만들어 나갈지 지금부터 천천히 생각해 보세요."

앞으로 메달을 따러 가기 위해 열심히 힘쓰는 선수들의 입장에서는 '대체 무슨 소리야?' 싶은 놀라운 이야기였으리라.

하지만 현재 시기부터 은퇴 후를 생각하는 것은 결코 성급한 일이 아니다. 대학이나 훈련 팀에 남아 지도자가 되어도 좋고, 선수 출신 예능인으로 활약해도 좋다. 길은 하나가 아니다. 누구든 준비만 해둔다면 걱정 없이 연습에 전념할 수 있다.

나 또한 우주 비행에 나설 때마다 선배들에게 임무 전에 다음 계획을 생각해 두라는 조언을 받곤 했다. 시합이나 임무가 끝나고 나면 은퇴 후를 준비하고 싶어도 번아웃 증후군으로 힘을 잃어 다음 무대로 나아갈 수 없을지도 모른다.

서로를 북돋아 주기

2021년 9월, 베이징 동계 올림픽을 앞두고 일본 여자 컬링 대표 선발전이 열렸다. 로코 솔라레는 2연패 후 3연승을 거두며 역전해 홋카이도은행을 제치고 일본 대표 팀으로서 올림픽 최종 예선에 출전하게 되었다.

이 대표 선발전에서 로코 솔라레는 샷 성공률이 상대 팀을 웃돌았음에도 불구하고 좀처럼 승부를 결정짓지 못했다. 멤버들은 머리를 맞대고 "우리답게 가는 수밖에 없어" 하고 마음을 다잡았다. 이윽고 평소처럼 감정을 마음껏 표현하며 경기할 수 있게 되자 팀은 마치 다른 사람이 된 듯 실력을 발휘해 승리를 거머쥐었다. 요시다 선수는 인터뷰에서 보도진에 이런 말을 남겼다.

　　"저희는 실수해도 절망하지 않았어요. 운명을 바꾸기 위해 할 수 있는 일은 뭐든 했으니까요. 4년 전과는 비교도 안 될 만큼 강해졌어요."

　　나는 미국 휴스턴에서 완전히 몰입한 채 텔레비전으로 이 대표 선발전을 지켜보다가 당사자 연구 때 요시다 선수가 한 말을 떠올렸다.

　　"베이징 동계 올림픽이 열릴 때면 저는 서른 살이 돼요. 체력은 어떻게 될지 모르지만, 기술이나 정신적인 면에서는 확실히 더 강해졌을 거라고 기대하고 있어요.

　　하지만 제가 다음으로 나아가고 싶은 이유는 지금 팀이 너무 좋아서예요. 이 팀에서 4년을 더 함께하고 싶다, 이 팀이 가장 멋지게 성장한 모습을 보고 싶다는 마음이죠. 선수 한 사람 한 사람이 정말 흥미롭고 각자가 가진 능력도 아직 미지수예요.

제가 중간에 부상을 입거나 만족할 만한 선수가 되지 못할 가능성도 있어요. 그래도 지금은 이 멤버들이 올림픽에서 싸우는 모습을 한 번 더 보고 싶어요. 그곳에 제가 있을 수 있도록 열심히 노력해야겠지만, 상대 팀과 우리 팀이 최고의 역량으로 싸워 우승할 수 있다면 저도 은퇴해서 다음 무대로 나아가지 않을까. 살며시 예측해 보기도 해요."

올림픽 출전 티켓은 자신만의 것이 아니다. 팀이 함께 따내는 것이며, 거기서 자신이 주전 선수로 싸우지 않아도 괜찮다. 그때 요시다 선수는 완전히 달관한 듯한 모습을 보였다.

그녀는 일본 대표 선발전에서 승리하고 얼마 지나지 않아 인스타그램에 글을 올렸다. "앞으로 캐나다 캘거리로 이동해서 월드컬링투어에 출전합니다"라고 적은 뒤, 같은 해 2월에 있었던 컬링 일본 선수권 대회를 되돌아보았다.

당시 로코 솔라레는 결승전에서 홋카이도은행과 맞붙어 6승 7패의 근소한 차이로 패배했다. 다음 날 나는 실의에 빠진 요시다 선수에게 국제우주정거장에서 전화를 걸었다. 요시다 선수는 그때의 기억을 이렇게 적었다.

> 그때 우주에 있는 노구치 씨에게 전화가 왔습니다.
> 앞서 '세 번째' 도전을 이루어낸 인생의 선배가
> 따뜻하고 든든하게 다시 한번 용기를 북돋아 주는,
> 그야말로 하늘의 목소리였습니다.

> 결과는 그저 잠시 내리쬐는 빛일 뿐.
> 그때의 기분을 잊지 않고 이번 시즌도 솔라레답게
> 올곧게, 자유롭게, 성실하게, 따뜻하게 빛나는
> 멋진 경기를 하고 싶습니다.

당사자 연구는 마주칠 리 없었던 사람과 사람을 이어주었다. 지금 되돌아보면 이번 연구는 서로에게 영감과 힘을 주고 새로운 가치관과 숨결을 불어넣는 기회가 되었다. 번아웃 증후군을 이겨내고 예전보다 더 단단해진 자신을 느끼는 것. 이것이 역경을 극복하는 강인함의 한 형태일지도 모른다.

그렇게 나는 세 번째 우주 비행에 성공하여 무사히 지상으로 돌아왔고, 요시다 선수는 세 번째 올림픽 출전권을 쥐고 해외로 날아갔다.[*]

* 그리고 요시다 선수가 속한 일본 여자 컬링 대표 팀은 2022 베이징 동계 올림픽에서 은메달을 획득했다.

우주에서 본 규슈

미래의 우주여행자에게

우주에서 받은 기네스 기록 인증서

"안녕하세요. 오늘은 우주비행사 노구치 소이치 씨에게 특별한 메시지를 전해드리고자 합니다. 저는 《기네스 세계 기록》의 편집장인 크레이그 글렌데이라고 합니다. 지구의 런던에서 이 메시지를 보냅니다. 노구치 씨가 올해 3월 5일에 수행한 선외 활동으로 '세상에서 가장 긴 시간 간격을 두고 선외활동을 한 사람Longest time between spacewalks'이라는 기네스 세계 기록을 경신했습니다. 15년 214일 만에 다시 선외 활동을

15년 214일 만의 선외 활동으로 우주에서 기네스 인증서를 받았다.

하신 셈이지요. 기네스 세계 기록을 대표해서 노구치 소이치 씨에게 이것을 드리고자 합니다. 기네스 세계 기록의 공식 인증서입니다."

2021년 4월 12일. 기네스북 편집장의 영상 메시지가 지구뿐만 아니라 우주에도 전해졌다. 영상 속에서 편집장은 축하 인사를 건네고는 액자에 든 공식 인증서를 양손으로 들고 하늘을 향해 높이 들어 올렸다.

영상은 이어서 국제우주정거장으로 전환되었고 물구나무

선 내가 손을 뻗어 지상에서 내민 공식 인증서(실제로는 인증서를 화면에 띄운 태블릿 컴퓨터)를 받아 들었다. 그러고는 빙그르르 180도 회전해서 카메라를 바라보았다.

"인증해 주셔서 감사합니다. 크레이그 씨, 어쩌면 기네스 세계 기록을 하나 더 세웠는지도 모르겠습니다. 이번이 '가장 먼 거리에서 진행한 증정식'이 아닐까 싶네요."

뜻밖에도 이 기네스 기록은 세 번째 우주 비행이 과거의 비행들과는 완전히 다른 의미를 지녔다는 사실을 알려주었다.

앞서 선외 활동을 한 것은 2005년 우주왕복선 디스커버리호에 탑승했을 때였다. 나는 당시 40세의 체력을 불태우며 선외 임무를 세 차례 수행했다.

그 후로 15년 넘게 시간이 흘렀다. 크루 드래건 1호를 타고 우주로 날아간 나는 1장에서 소개했듯이 힘겨운 선외 임무와 맞닥뜨렸다. 나는 당시 55세였다. 그때까지 기네스 기록 보유자였던 러시아의 우주비행사 세르게이 크리칼료프 Sergey Krikalyov는 46세 때 마지막 선외 활동에 성공했다. 나는 그보다 열 살 정도 나이가 많았던 것이다. 나보다 더 늦은 나이에 선외 활동을 한 우주비행사는 있지만, 15년이나 시간이 지난 뒤에 다시 선외 활동에 도전한 사람은 없었다.

NASA에서는 사전 훈련에서 나를 엄격하게 시험했고 나는 그때마다 스스로에게 물었다. '지금 너는 무사히 선외 활동을 할 수 있는가?', '동료를 제대로 구출해 돌아올 수 있는가?' 하고. 과거의 실적이 아니라 지금 이 순간 15년 전과 같이 움직일 수 있을지를 시험한 것이다.

실제로 크루 드래건의 동료였던 신입 비행사 빅터 글로버가 선외 활동에 임하는 모습을 보고 '체력으로는 못 이기겠군', '역시 젊음이 좋은 법이야'라는 생각을 하기도 했다.

하지만 경험과 지식으로 체력적인 부분을 메울 수 있다는 사실을 이번 선외 임무에서 확인했다. 그렇다면 나이 든 우주비행사도 젊은 동료들과 함께 해나갈 수 있으리라. 나는 50대 중반에 접어들어 멈추지 않고 도전하는 의지와 보람을 느꼈다.

우주 개미 이야기

《우주형제》라는 유명한 만화가 있다. 만화의 에피소드 중에 나를 본뜬 우주비행사가 두 주인공 청년에게 말을 하는 장면이 있다. "사람은 왜 우주로 가는가?"라는 질문에 '우주 개미' 우화를 들려준다는 내용이다. 나는 이렇게 말한다.

여러분, 우리 모두 개미라고 상상해 보세요. 지면에 그려진 하나의 직선 위만 앞뒤로 오갈 수 있는 '1차원 개미'가 길을 가고 있습니다. 그 앞에 돌멩이 하나가 떨어집니다. 더 이상 앞으로 나아갈 수 없지요.

그러면 어떻게 될까요? 일부 개미들은 돌멩이 옆으로 슬쩍 피해서 다음 세계로 나아갔습니다. 옆으로 움직일 수 있게 된 '2차원 개미'이지요.

그들 앞에 커다란 벽이 나타납니다. 앞뒤 양옆으로밖에 움직일 줄 모르니 벽을 넘어 건너편으로 넘어가지 못합니다. 그러자 이번에는 용감한 개미 몇 마리가 목숨을 걸고 벽을 기어오르기 시작했습니다. 벽을 오를 생각이 없는 개미들이 위험하다고 설교해도 끝까지 멈추지 않습니다. 위로 올라갈 수 있게 된 '3차원 개미'는 끝내 벽 정상까지 기어올라 높은 곳에 다다릅니다. 그곳에는 지금까지 본 적 없는 새로운 풍경이 펼쳐져 있었지요.

이 우화는 내가 《우주형제》의 저자인 고야마 주야小山宙哉 씨에게 실제로 들려준 이야기다. 당시 나는 첫 번째 우주 비행을 마친 참이었다. 고야마 씨는 신작에 대한 구상을 가다듬기 위해 휴스턴까지 와주었다. 견학이 끝난 후 함께 텍사스 스테이크를 먹으며 이야기했던 내용이 그대로 만화의 스토리가 되어 즐거웠다.

내가 전하고자 했던 말은 이런 뜻이다. 어떤 문제와 충돌했을 때 그때까지 알고 있던 상식만 가지고 움직여서는 문제를 해결할 수 없다. 1차원보다 2차원, 2차원보다 3차원으로 관점을 한층 높은 차원에 두면 반드시 새로운 해결책을 발견할 수 있지 않을까? 그것이 새로운 시대를 여는 하나의 '돌파력'이 될 것이다.

상식은 끊임없이 변화한다. 새로운 '우주'로 뛰어들 용기만 있다면 마음 맞는 새 동료와 함께 힘껏 몰두할 수 있는 재미있는 일을 만날 수 있다. 무엇보다 중요한 것은 그런 우주를 가슴속에 품어야 한다는 점이다.

50대 중반쯤 되니 이제 막다른 길에 접어들었을지도 모른다는 생각이 들 때도 있다. 하지만 경험으로 얻은 지혜를 모아 새로운 관점에서 볼 수만 있다면, 미처 깨닫지 못했던 곳에서 해결의 길을 발견하게 될지도 모른다. 그 길 앞에는 모르는 것, 재미있는 것이 아직 잔뜩 있다. 그러니 포기할 필요는 없다. 도전은 언제든 할 수 있다.

이번에 얻은 기네스 세계 기록은 내 안에 선명한 보람을 안겨주었다. 과거에 마주쳤던 귀국 후의 번아웃 증후군 같은 무기력과 피로는 느껴지지 않았다. 나는 그 대신 '다음'으로 나아가고자 하는 긍정적인 자신을 발견했다.

국제우주정거장은 어떻게 될까

나는 운 좋게도 기네스 기록을 하나 더 얻었다. '각기 다른 세 가지 착륙 방법으로 우주에서 귀환한 최초의 우주비행사 First astronaut to return from space using three different landing techniques' 라는 기록이다.

우주왕복선을 이용한 첫 번째 비행에서는 활주로를 통해 착륙했고, 소유스 우주선에 탑승한 두 번째 비행에서는 초원지대에 착륙했다. 그리고 크루 드래건과 함께한 세 번째 비행에서는 돌고래가 헤엄치는 바다 위에 착수했다.

이 기네스 기록에는 전제 조건이 있다. 내가 미국과 러시아 두 나라의 세 가지 우주선에 탑승했다는 사실이다. 일본인에게는 자국의 우주선이 없다. 그럼에도 외교를 통해 각국과 긴밀하게 연계했기에 이 두 번째 기네스 기록이 탄생한 셈이다. 나라의 위상은 앞으로 국제우주정거장을 무대로 한 국제 협력의 중요한 요인이 되리라 생각한다.

지금 국제우주정거장은 운영 시한을 훌쩍 뛰어넘었고, 러시아는 프로젝트 탈퇴를 선언했다. 국제우주정거장은 미국과 러시아가 협력해 쏘아 올린 우주 기지다. 사반세기 가까이 순조롭게 운영되어 왔으나, 시기에 따라 세계정세에 좌우될 수

ⒸJAXA/NASA

2021년 5월 2일, 플로리다주 바다에 착수해 무사히 지구로 귀환했다.

우주에서 전합니다, 당신의 동료로부터

밖에 없는 측면도 있었다.

중국의 동향도 간과할 수 없다. 중국은 독자적인 우주정거장 건설에 착수하고 달 탐사도 진행하고 있다. 지금처럼 미국과 중국의 대립이 계속된다면 중국은 국제우주정거장 계획에 참여하지 못할지도 모른다.

하지만 정치적인 대립이나 인권 문제가 사라졌을 때 바로 해결책을 찾을 수 있도록 대화의 창은 반드시 열어두어야 한다. 일본은 앞으로도 다양한 나라와 손을 잡고 국제 협력 프로젝트를 통해 우주 개발에 힘쓸 예정이다.

그리고 현장에서 우주비행사들의 교류도 활발하게 이루어지기를 바란다. 지구에서 대기 중인 우주비행사들이 모이는 '세계 우주비행사 회의'라는 모임이 있다. 나는 그곳에서 현역으로서 교류를 지속하고 있다. 모임에서 중국인 우주비행사를 만나곤 하는데, 서로 비슷한 경험을 해서인지 역시 사람과 사람이 만나 대화하면 마음이 통하기 마련이라고 실감했다.

한 가지 확고한 생각이 있다. 우주 개발에 군사적인 이유가 존재한다는 점은 부정할 수 없지만, 적어도 우주에 갈 때는 국가의 이익을 대표해서가 아니라 인류를 대표해 우주라는 필드에서 서로 힘을 합치고 서로의 생명을 지켜야 한다. 이 원칙이 흔들리면 모두가 무너지고 만다.

같은 배를 탄 운명 공동체. 지구를 지키고 우주 환경을 앞으로도 인류가 활약할 수 있는 곳으로 만들고자 하는 마음을 안고 하나로 뭉치면 된다. 지금 국제우주정거장은 그런 장소다. 기네스 기록은 우리에게 다시 한번 연대의 증거가 되어주었다.

국제우주정거장의 민간인

2021년 9월 29일. 나는 JAXA가 주최하는 '노구치 우주비행사 임무 보고회'에 참석했다. 보고회가 시작되고 두 시간 정도 지났을 때 온라인 영상 통신이 연결되더니 러시아에서 우주 비행 훈련을 받고 있는 마에자와 유사쿠 씨가 등장했다. 잘 알려진 온라인 쇼핑몰 ZOZO의 창업자다.

마에자와 씨는 12월 러시아 소유스 우주선을 타고 국제우주정거장으로 향할 예정이었다. 체류 기간은 12일. 이를 위해 6월 중순부터 러시아에서 약 100일간 훈련을 받았다.

일본인 최초로 민간인으로서 국제우주정거장에 머물게 되었는데, 화면에 비친 그의 표정은 조금 경직되어 보였다.

"솔직히 훈련이 이렇게 혹독하고, 이렇게나 빠듯하고, 이렇게까지 오래 걸릴 줄은 상상도 못 했습니다. 반쯤 여행 가는 기분이었던 제가 얼마나 안일했는지 통감했어요. 노구치 씨 같은 우주비행사들이 얼마나 대단한지 뼈저리게 느꼈습니다."

그가 받은 훈련은 고도 100km의 우주 공간을 나는 버진 갤럭틱이나 블루 오리진의 비행과는 수준이 다르다. 100km 상공에서는 15분가량 비행하는 것이 한계이므로 무중력을 체험할 수 있는 시간은 4분 정도에 그친다. 그래서 전문 우주비행사에게 주어지는 훈련까지는 받지 않고 건강 진단과 귀환 시 탈출 방법 정도만 숙지해 두면 충분하다.

반면, 마에자와 씨는 지구 궤도를 비행하기 위해 프로 못지않은 훈련이 필요했다. 의식주 모두 우주 공간에서 해결해야 하니 화장실 사용부터 밥을 먹는 방법까지 우주 생활법을 하나부터 열까지 모두 배웠다.

실제로 2021년 9월 지구 궤도 비행에 성공한 인스피레이션4의 민간인 승무원을 비행 전에 만났는데, 정말 혼신의 힘을 다해 훈련에 힘쓰고 있었다. 누구도 우주에 가본 적이 없고 전문 우주비행사도 함께 탑승하지 않는다. 그럼에도 스페이스 X의 우수한 전문가가 지도하는 훈련은 무척 진지했다. 이런 본격적인 우주 비행이 머지않아 드문 일이 아니게 될 것이다. 이것은 일종의 커다란 '사건'이다.

나는 임무 보고회에서 마에자와 씨에게 말했다.

"사람들은 마에자와 씨가 부유하기 때문에 재미로 우주에 간다고들 말하지만, 그건 잘못된 말입니다. 홀로 러시아로 날아가서 일본어로 해도 어려운 내용을 러시아어로 배우고 있지요. 게다가 끊임없이 평가받아야 하는 괴로움은 감히 상상도 할 수 없습니다. 정말 대단합니다. 2021년에 저와 호시데 우주비행사가 우주에 갔고, 마에자와 씨를 포함한 두 분을 더하면 일본인은 네 명이나 우주에 간 셈이지요. 엄청난 1년입니다. 처음으로 한 해에 네 명이 우주 비행에 나서는 기록을 달성하게 되니까요. 같은 국민으로서 마에자와 씨를 응원합니다."

우주 비행의 미래

우리는 지금 정말 재미있는 시대에 살고 있다. 스페이스X

를 비롯한 민간 우주 기업이 우주산업에 속속 참여하고, 다가올 10년, 20년을 이끌어 갈 새로운 주자들이 무럭무럭 힘을 키우고 있는 시기니까 말이다.

민간 기업들이 주체가 되므로 상대는 나라 하나가 아니다. 민간 기업은 국가와 국가의 담을 넘어 세계적인 시야로 우주 사업에 참여할 수 있다. '일본 대표', '미국 우주선'처럼 구분지을 때가 아니다. 우주 사업은 지구 규모에서 이루어진다. 따라서 새로운 것은 모두 '세계 최초'가 된다. 그런 의미에서 보면 내가 한 세 번의 비행은 첫 번째는 '노구치 최초', 두 번째는 '일본 최초', 세 번째는 민간 우주선을 이용해 '세계 최초'를 달성했다고 보아도 과언이 아닐 것이다.

미국의 우주 기업 액시엄 스페이스는 민간인 네 명을 국제 우주정거장으로 보냈다. 사령관은 과거 NASA의 우주비행사였던 이가 맡았다. 궤도를 비행하려면 역시 안내자가 되어줄 전문가가 필요하기 때문이다.

몇 분 동안 짧게 우주 공간을 비행하는 것과 달리 우주에서 오래 머물 때는 비상사태가 발생할 시 자동 조종에 의존할 수 없는 경우가 생길 수도 있다. 그럴 때는 깊은 지식을 가진 전문 우주비행사가 대처해 위기를 극복할 수 있을 것이다.

나도 나중에는 이렇게 민간인의 우주 비행을 이끄는 전문 비행사로 일하고 있을지도 모른다. 우주 관광 시대가 점차 다가오면서 경험 있는 전문가가 참여할 길은 점점 더 넓어질 것이다.

　어쩌면 달 여행에도 참여하고 있을지도 모른다. 일본인인 나에게 달은 아직 밟아본 적 없는 미지의 땅이자 꿈에 그리던 장소다. 달을 빙글 돌아 반대편도 꼭 들여다보고 싶다. 지구에서는 결코 보이지 않는 곳이니까. 떡방아 찧는 토끼는 정말 있을까? 옛날이야기 속 가구야 공주가 사는 집은 어디에 있을까? 어릴 적 머릿속으로 그리던 상상이 지금도 커다랗게 부풀어 오른다. 그런 '우주 비행의 미래'도 멋지지 않을까? 달을 올려다보며 생각한다.

ISS에서 바라본 십육야, 즉 음력 16일의 달.
다른 말로 기망旣望이라고도 한다.

어떤 세대든 힘겨운 시기가 있기 마련이지만, 현대를 살아가는 우리에게 지난 몇 해는 그저 꾹 참고 견뎌내야 하는 시기였습니다. 2019년 말 우리 세계에 나타난 신종 코로나바이러스는 눈 깜짝할 사이에 세계를 휩쓸고 모두의 삶을 바꿔버렸습니다. 소중한 사람을 잃고, 고대하던 이벤트는 중지되거나 연기되었으며, 사람들의 마음은 멀어졌습니다. 미래에 대한 희망으로 가득하리라 믿었던 한 해는 어디로 가버렸을까요. 2021년을 지나며 백신이 보급되면서 사회 활동은 조금 안정된 듯 보이지만, 이 혼란이 과연 어디까지 이어질지는 아직 예측하기가 어렵습니다.

우주비행사 훈련은 어떤 의미에서 지극히 아날로그적이고 뭐든 손으로 직접 해야 하며, 많은 사람과 부대끼며 해나가는 일이기에 코로나 사태의 영향에 정면으로 부딪쳐야 했습니다. 우주비행사는 엄중한 감시 아래 격리되어 때로는 가족과도 만나지 못하고, 훈련 전문가나 관제사와는 화면 너머로 대화하는 것이 일상이 되었습니다. 발사는 연기되고 임무 내용도 조금씩 바뀐 탓에 우주에 가고자 하는 의욕을 다잡기 위해 고생한 시기도 있었습니다.

하지만 이런 시대 속에서도 우리 크루 원은 우주에 도전하는 길을 선택했습니다. 신형 우주선에는 '리질리언스'라는 이름을 붙였지요. 강인함이라고 달리 말할 수 있는 이 말은 다시 일어서고자 하는 강한 의지, 고난을 극복하는 힘 그리고 상황에 부드럽게 대처하는 유연성을 가리킵니다.

크루 원의 동료들은 이러한 리질리언스를 발휘하기 위해 '물리적으로 떨어져 있어도 심리적으로 고립되지 않는 것'에 주의를 기울였습니다. 신종 코로나바이러스에 대한 두려움 때문에 사람들은 감염을 피하기 위해 타인과 물리적으로 멀어졌고, 거리를 두는 과정에서 어느새 마음마저 멀리 떨어트리고 말았습니다. 자발적으로든 강제적으로든 모든 사람이 격리라는 이름의 고독을 강요받았지요. 하지만 인류의 미래는 고독이 아니라 관계와 연대에서 시작된다고 믿고 싶습니다. 분단과 이별의 슬픔을 극복하고 포스트 코로나라는 시대를 열기 위해서는 다양성, 수용성 그리고 회복 탄력성이 중요합니다. 각기 다른 배경을 가진 사람들의 '다양성'을 인정하고, 그 다양성을 존중하고 '수용'하며 하나가 되는 길을 모색하고, 조직으로서 유연하고 강인한 '회복 탄력성'을 높여야 한다는 뜻이지요.

우주를 향한 도전은 사람들의 마음을 밝은 미래로 향하게 하고, 어려운 목표에 도전하는 모습을 통해 사람들의 '희망'을 내일로 이어갑니다. 저희는 그런 마음으로 임무에 도전했습니다. 독자 여러분도 이 슬픔과 단절감으로 가득한 힘겨운 시대를 강인하게 넘어서고자 하는 저희의 용기에 공감할 수 있다면 더 바랄 것이 없겠습니다.

"Grief and resilience live together."
- Michelle Obama

"비탄과 회복력은 늘 함께 있다."
- 미셸 오바마, 미국 최초의 흑인 퍼스트레이디

이 책을 완성하는 데 많은 분이 도움을 주셨습니다. 그분들이 힘써주셨기에 이 책에 세상에 나왔다고 해도 과언이 아닙니다. 이에 깊은 감사의 뜻을 전합니다.

리질리언스 발사 1주년을 몸도 마음도
건강하게 맞이할 수 있다는 사실에 감사하며

노구치 소이치

도서

野口聡一, 《宇宙日記 ディスカバリー号の15日》, 世界文化社, 2006.
노구치 소이치, 《우주 일기: 디스커버리호에서 보낸 15일》, 세카이분카샤, 2006.

野口聡一, 《スィート・スィート・ホーム》, 木楽舎, 2006.
노구치 소이치, 《스위트 스위트 홈》, 기라쿠샤, 2006.

野口聡一, 《オンリーワン ずっと宇宙に行きたかった》, 新潮社, 2006.
노구치 소이치, 《온리 원: 줄곧 우주에 가고 싶었다》, 신초샤, 2006.

野口聡一, 林公代, 《宇宙においでよ!》, 講談社, 2008.
노구치 소이치, 하야시 기미요, 《우주로 와!》, 고단샤, 2008.

野口聡一, 宇宙航空研究開発機構(JAXA), 《宇宙飛行士が撮った母なる地球》, 中央公論新社, 2010.
노구치 소이치, 우주항공연구개발기구(JAXA), 《우주비행사가 찍은 어머니 지구》, 주오코론신샤, 2010.

野口聡一, 《宇宙より地球へ Message from Space》, 大和書房, 2011.
노구치 소이치, 《우주에서 지구에게 Message from Space》, 다이와쇼보, 2011.

野口聡一, 《宇宙少年》, 講談社, 2011.
노구치 소이치, 《우주소년》, 고단샤, 2011.

「宇宙の人間学」研究会, 《なぜ、人は宇宙をめざすのか―「宇宙の人間学」から考える宇宙進出の意味と価値》, 誠文堂新光社, 2015.
'우주의 인문학' 연구회, 《사람은 왜 우주로 향하는가: 우주 인문학으로 바라보는 우주 진출의 의미와 가치》, 세이분도신코샤, 2015.

● 국내에 번역된 출판물이 부재해 한글 직역을 달았다.

野口聡一, 矢野顕子, 林公代,《宇宙に行くことは地球を知ること》, 光文社, 2020.
노구치 소이치, 야노 아키코, 하야시 기미요,《우주로 가는 것은 지구를 아는 것》, 고분샤, 2020.

기타

〈日常への帰還　アスリートと宇宙飛行士の当事者研究〉, 東京大学先端科学技術研究センター.
〈일상으로의 귀환: 운동선수와 우주비행사의 당사자 연구〉, 도쿄대학 첨단과학기술연구센터 심포지엄, 2018-07-30.

〈勝たない自分たちに、価値はないのか〉, 東京大学先端研ウェブサイト, 2018-12-21.
〈승리하지 못하는 우리에게는 가치가 없는가〉, 도쿄대학 첨단과학기술연구센터 웹 사이트 기사, 2018-12-21.

〈RCAST NEWS 106号〉, 2019.
〈RCAST NEWS 106호〉(도쿄대학 첨단과학기술연구센터 홍보지), 2019.

野口聡一, 〈微小重力空間での定位：宇宙飛行士による当事者研究〉, 東京大学博士論文, 2020.
노구치 소이치, 〈미소중력 공간에서의 정위: 우주비행사의 당사자 연구〉, 도쿄대학 박사논문, 2020.

〈JAXA野口宇宙飛行士 ISS長期滞在ミッション プレスキット〉, JAXA.
〈JAXA 노구치 우주비행사 ISS 장기 체류 임무 홍보 자료〉, JAXA.

NASA 웹 사이트.

JAXA 웹 사이트.

옮긴이 지소연

대학에서 일본어교육을 전공하고 출판사 편집자가 되어 다양한 책을 기획하고 편집했다. 좋은 글을 손수 우리말로 옮기고 싶다는 꿈을 이루기 위해 바른번역 글밥아카데미에서 번역을 공부했다. 지금은 일본어 전문 번역가로 활동하며 재미있고 유익한 책을 기획하고 있다. 옮긴 책으로는 《내 남편은 아스퍼거 3》, 《4~7세 아이 키울 때 부모가 반드시 알아야 할 것들》 등이 있다.

우주에서 전합니다, 당신의 동료로부터

1판 1쇄 인쇄 2023년 1월 27일
1판 1쇄 발행 2023년 2월 8일

지은이 노구치 소이치
옮긴이 지소연

발행인 양원석 **편집장** 차선화 **책임편집** 박시솔
디자인 강소정, 김미선 **영업마케팅** 윤우성, 박소정, 이현주, 정다은, 백승원
해외저작권 함지영

펴낸 곳 ㈜알에이치코리아
주소 서울시 금천구 가산디지털2로 53, 20층 (가산동, 한라시그마밸리)
편집문의 02-6443-8890　**도서문의** 02-6443-8800
홈페이지 http://rhk.co.kr
등록 2004년 1월 15일 제2-3726호

ISBN 978-89-255-7701-2 (03440)